AF573235

Metternich / Meudt / Hartmann

Wertstrom 4.0

Ihr Plus – digitale Zusatzinhalte!

Auf unserem Download-Portal finden Sie zu diesem Titel kostenloses Zusatzmaterial. Geben Sie dazu einfach diesen Code ein:

plus-kf9hK-kQmff

plus.hanser-fachbuch.de

Bleiben Sie auf dem Laufenden!

Hanser Newsletter informieren Sie regelmäßig über neue Bücher und Termine aus den verschiedenen Bereichen der Technik, Profitieren Sie auch von Gewinnspielen und exklusiven Leseproben. Gleich anmelden unter

www.hanser-fachbuch.de/newsletter

Joachim Metternich
Tobias Meudt
Lukas Hartmann

Wertstrom 4.0

Wertstromanalyse und Wertstromdesign für eine schlanke, digitale Auftragsabwicklung

Die Autoren:
Prof. Dr.-Ing Joachim Metternich ist Leiter des Instituts für Produktionsmanagement, Technologie und Werkzeugmaschinen (PTW) der Technischen Universität Darmstadt.

Dr.-Ing. Tobias Meudt ist ist Lean 4.0 Berater und Trainer an der Technischen Universität Darmstadt, am Institut für Produktionsmanagement, Technologie und Werkzeugmaschinen (PTW) im Center für industrielle Produktivität.

Dr.-Ing. Lukas Hartmann ist Gruppenleiter des Centers für industrielle Produktivität am Institut für Produktionsmanagement, Technologie und Werkzeugmaschinen (PTW) an der Technischen Universität Darmstadt.

Bibliografische Information der deutschen Nationalbibliothek:
Die Deutsche Nationalbibliothek verzeichnet diese Publikation in der Deutschen Nationalbibliografie; detaillierte bibliografische Daten sind im Internet unter *http://dnb.d-nb.de* abrufbar.

www.hanser-fachbuch.de
Lektorat: Dipl.-Ing. Volker Herzberg
Herstellung: Melanie Zinsler
Titelmotiv: © stock.adobe.com/j-mel
Coverkonzept: Marc Müller-Bremer, *www.rebranding.de*, München
Coverrealisation: Max Kostopoulos
Satz: Eberl & Koesel Studio GmbH, Altusried-Krugzell
Druck und Bindung: Druckerei Hubert & Co. GmbH und Co. KG BuchPartner, Göttingen
Printed in Germany

Print-ISBN: 978-3-446-47229-7
E-Book-ISBN: 978-3-446-47314-0

Über die Autoren

Prof. Dr.-Ing. Joachim Metternich

leitet das Institut für Produktionsmanagement, Technologie und Werkzeugmaschinen (PTW) der TU Darmstadt. Schwerpunkte seiner Tätigkeit am PTW liegen auf der Weiterentwicklung der Schlanken Produktion durch digitale Technologien sowie dem Einsatz von Lernfabriken für die Schlanke Produktion. Nach dem Studium des Wirtschaftsingenieurwesens und der Promotion war er an nationalen und internationalen Produktionsstandorten deutscher Weltmarktführer tätig und hat an zahlreichen Wertstromprojekten mitgewirkt. Bevor er ans PTW wechselte, war er für das weltweite Produktionssystem eines Maschinenbauunternehmens verantwortlich.

Dr.-Ing. Tobias Meudt

ist als Post-Doc am Institut PTW der TU Darmstadt tätig. Er setzt sich seit mehr als acht Jahren intensiv mit Themen der Schlanken Produktion, Industrie 4.0 und der Digitalisierung von Unternehmen in der Praxis auseinander. Seine Erfahrungen aus Beratungsprojekten und Industrie-Arbeitskreisen sind in die Gestaltung der Methoden eingeflossen. Er promovierte zur Wertstromanalyse 4.0 und begleitete die Weiterentwicklung zur Wertstrommethode 4.0.

Dr.-Ing. Lukas Hartmann

ist Leiter der Forschungsgruppe Center für industrielle Produktivität (CiP) am Institut PTW der Technischen Universität Darmstadt. In seiner Forschungstätigkeit beschäftigt er sich mit der digitalen Transformation von Unternehmen und der Gestaltung von Wertströmen in der Industrie 4.0. Darüber hinaus ist er als Lean Consultant mit verschiedensten Fragestellungen der operativen Unternehmensgestaltung konfrontiert. Die Erfahrung aus den Praxisprojekten sind in dieses Buch mit eingeflossen.

Vorwort

Die Wertstrommethode ist heute das Standardvorgehen zur systematischen Verbesserung der Wertschöpfungsprozesse produzierender Unternehmen. Im Fokus der Methode ist der komplette Durchlauf des Materials einer Produktfamilie – vom Eingang des Kundenauftrags, der Beschaffung und Anlieferung von Roh- und Vormaterialien über Fertigung, Vor- und Endmontagen bis hin zur Auslieferung des fertigen Produkts. Erklärtes Ziel der Methode ist es, Material ins „Fließen" zu bringen. Daher werden im Rahmen der Wertstromanalyse insbesondere Bestände und ihre Ursachen betrachtet. Das auf die Analyse folgende Wertstromdesign versucht, Prozesse ohne Bestände oder mit möglichst niedrigen Materialpuffern miteinander zu verbinden. Das Credo lautet: Niedrige Bestände = kurze Durchlaufzeiten. Indem die Ursachen für Bestände eliminiert werden, sinken die Durchlaufzeiten. Gleichzeitig steigt die Fähigkeit eines Wertstroms, einen neuen Kundenauftrag zu erfüllen. Es gibt viele Veröffentlichungen und Fachbücher zur Wertstrommethode, die jeweils einen bestimmten fachlichen Schwerpunkt setzten (bspw. die Beschreibung der Zusammenhänge im Wertstrom durch Formeln) oder auf einen speziellen Produktionstyp adressieren (bspw. die Kleinserienproduktion). Also warum nun ein weiteres Werk? Warum dieses Buch?

Grundlage aller vorliegenden Beiträge zur Wertstrommethode ist in der Regel das bahnbrechende Werk von Mike Rother und John Shook „Sehen Lernen" (englisch: „Learning to See"). In Orientierung an diesem Klassiker werden auch in allen nachfolgenden Werken zur Wertstrommethode v.a. die Materialflüsse und ihre zugehörige Steuerungsinformation adressiert. In einer Vielzahl von Wertstromanalyse-Projekten haben wir – die Autoren dieses Buches – jedoch festgestellt, dass der Analyse der Informationsflüsse keine ausreichende Aufmerksamkeit zukommt. Kann ein Auftrag nicht angefangen, weiterbearbeitet oder fertiggestellt werden, fehlt in der Regel nicht nur Material oder eine Maschine ist nicht verfügbar. Es fehlt häufig Information: Bspw. ist eine Produktspezifikation unklar, es sind Nachfragen zu einer Zeichnung erforderlich, es fehlen Bearbeitungs- oder Messprogramme usw. Genau wie Mike Rother und John Shook sind wir der Auffassung, dass zum Materialfluss auch ein Informationsfluss gehört. Und wenn dieser Informationsfluss nicht mit dem Materialfluss abgestimmt ist, kann ein Wertstrom keine Höchstleistung erreichen. Daher ist analog zur Materiallogistik auch die Informationslogistik systematisch zu definieren und somit sicherzustellen, dass die richtige Information zur richtigen Zeit in der richtigen Qualität am richtigen Arbeitsplatz vorhanden ist. Bei individuellen Kundenaufträgen kommt hinzu, dass kurze Durchlaufzeiten für einen Kundenauftrag und eine schnelle Reaktion nicht allein durch eine schnelle Bearbeitung des zugehörigen Materials erreicht werden können. Wesentliche Zeitanteile gehen bereits weit vor der Produktion, nämlich bei der Klärung der Kundenanforderung, in der Anpassungsentwicklung und der Arbeitsvorbereitung verloren. Aus diesem Grund erweitern wir den Fokus der klassischen Wertstrommethode auf alle an der Auftragsabwicklung Beteiligten, einschließlich des Kunden.

Bei der Betrachtung von Informationsflüssen zeigt sich, dass es - analog zum Umgang mit Material - auch im Umgang mit Information zu Verschwendung kommen kann. Diese konnte bisher im Rahmen der Wertstrommethode nicht systematisch erfasst und adressiert werden. Daher führen wir einen informationsbezogenen Verschwendungsbegriff ein, der den Blick für informationslogistische Verschwendungsarten schärft.

Der eigentliche Anlass für dieses Buch war jedoch die fortschreitende Digitalisierung von Prozessen, die unter dem Schlagwort „Industrie 4.0“ weiteren Schwung erhalten hat. Mit der steigenden Verfügbarkeit von Informationen entlang eines Wertstroms stellt sich längst nicht mehr nur die Frage nach dem Vermeiden von Verschwendung. Ein zeitgemäßes Wertstromdesign muss darüber hinaus folgende Fragen beantworten können:

- Wie können die anfallenden Informationen systematisch zur Verbesserung von Prozessen genutzt werden, bspw. durch das Erkennen von Qualitätsabweichungen oder kritischen Maschinenzuständen?
- Wie können Informationen zur Steigerung des Kundennutzens eingesetzt werden?
- Und schließlich: Was müssen die Material- und Informationsflüsse leisten, um ein Geschäftsmodell erfolgreich umzusetzen?

Aus diesem Grund nennen wir das vorliegende Buch „Wertstrom 4.0“. Wir wünschen Ihnen viel Freude beim Lesen und viel Erfolg beim Umsetzen.

Ihre

Joachim Metternich, Tobias Meudt und Lukas Hartmann

Inhalt

1 Neues Verständnis der Wertstrommethode 4.0

1.1 Die ganze Auftragsabwicklung im Blick

Haben Sie auch schon die Erfahrung gemacht, dass Ihnen eine neu erstellte Wertstromkarte zwar einen ausgezeichneten Überblick über den Materialfluss gibt, es jedoch unklar bleibt, woher hohe Bestände und Qualitätsprobleme kommen und warum das Erfüllen einzelner Aufträge so viel Zeit benötigt? Und haben Sie dann begonnen „Warum?“ zu fragen, um sich schließlich in Ihrer Ursachenanalyse von der Produktion in die Auftragsplanung, die Entwicklung und schließlich in den Vertrieb und das Produktmanagement vorzuarbeiten? Dann haben Sie einen ähnlichen Erkenntnisprozess hinter sich, wie die Autoren dieses Buches. Aber der Reihe nach ...

Schauen wir beispielhaft auf die Analyse der Durchlaufzeiten von Kundenaufträgen bei einem Hersteller kundenindividueller Kompakthydraulik. Nur vier Prozent der Durchlaufzeit verbringt der Auftrag in der Produktion. Der größte Anteil der Durchlaufzeit entfällt auf die Anpassungsentwicklung sowie die Teilebeschaffung, es folgen der Kundenkontakt bei Projektklärung sowie Lieferung und Inbetriebnahme. Es ist eine grundlegende Erkenntnis, dass das Klären der Kundenanforderungen, das individuelle Design sowie das Vorbereiten der Produktion auf den neuen Auftrag (Erstellung von Zeichnungen, Maschinenprogrammen, Materialbegleitscheinen, Arbeitsplänen u. v. m.) in vielen Unternehmen einen deutlich größeren Zeitanteil einnimmt als die eigentliche Produktion. Diese wertvolle Zeit, deren Verkürzung ggf. über das Gewinnen oder Verlieren eines Auftrags entscheidet, geht also in den sog. „indirekten“ Bereichen außerhalb der Produktion verloren.

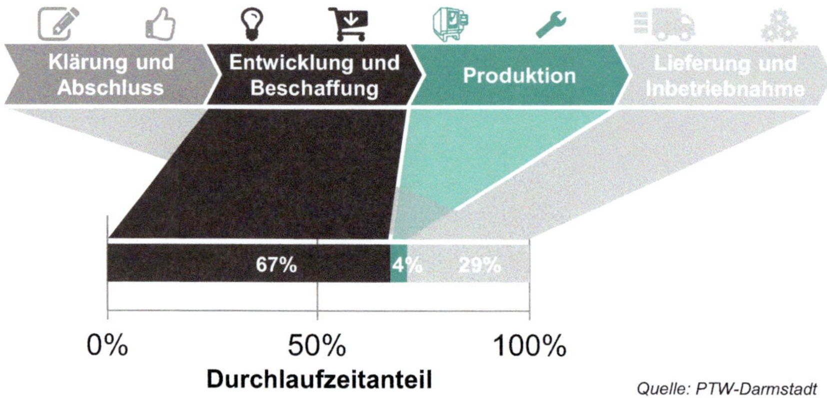

Die klassische Wertstrommethode stellt jedoch den „direkten Bereich" ins Zentrum ihrer Betrachtung. Die aus einer Wertstromanalyse abgeleiteten Verbesserungsprojekte adressieren häufig nur die Produktion des „materiellen Produkts" und damit die Durchlaufzeit des Materials. Die Prozesse in den vorgelagerten indirekten Bereichen, die v. a. Informationen verarbeiten, werden mit der klassischen Wertstrommethode zunächst nicht betrachtet, obwohl hier – v. a. mit Blick auf die gesamte Auftragsdurchlaufzeit – i. d. R. große Potentiale erschlossen werden können. Auf der anderen Seite sind Methoden zur Analyse der indirekten Bereiche meist auf ebendiese begrenzt und vernachlässigen die nachfolgenden Prozesse bzw. den Materialfluss in der Produktion.

Die Analyse von Prozessen in indirekten Bereichen ist vergleichsweise anspruchsvoll, da ihr Produkt kein physisches Material, sondern Informationen sind, die erzeugt, verarbeitet und übermittelt werden müssen. Es ist eine größere Herausforderung als in den direkten Bereichen, die wertschöpfenden Tätigkeiten von Verschwendungen zu trennen und diese überhaupt sehen zu lernen. Hinweise auf Verschwendung im Informationsfluss zeigen sich dort, wo Informationen nicht in der benötigten Qualität vorhanden sind und weitergeben werden. Die Flussverhinderer für Informationen haben unterschiedlichste Ursachen, die mithilfe der Wertstromanalyse 4.0 analysiert werden können.

1.2 Information als Produktionsfaktor verstehen

Viele Wertstromkarten entstehen auch heute noch so: Zunächst werden die Prozessschritte eingezeichnet, dann die erhobenen Prozessdaten unter der Prozessbox eingetragen und darauffolgend die Bestände an Material bzw. Vor- und Endprodukten eingetragen. Erst zum Schluss werden die Pfeile für die Informationsflüsse zur Steuerung des Wertstroms eingetragen. Anschließend folgt das Sammeln der Verbesserungsmöglichkeiten („Kaizen-Blitze"). Der Wert von Informationen wird durch dieses Vorgehen auf ihren guten (oder verbesserungswürdigen) Einsatz zur Steuerung für Materialbewegungen reduziert. Selbst für das Erarbeiten des Wertstromdesigns gilt: „Kein Materialfluss ohne Pull-Signal."

Um produzierende Unternehmen und deren Wertströme für das Informationszeitalter fit zu machen, müssen wir den vollen Wert von Informationen in allen Dimensionen nutzen. Eine Information kann – richtig in den Wertstrom integriert – die Grundlage für eine kontinuierliche Verbesserung der Abläufe dienen oder – mit dem physischen Produkt verbunden – zusätzliche Dienste für interne und externe Kunden ermöglichen. Neben einer Verschlankung und Digitalisierung von Informationsflüssen können somit neue Potentiale genutzt werden, um bestehende Wertströme aufzuwerten. Zukünftig sind Informationen damit ein neuer Wert zuzumessen und es gilt Informationsflüsse und -bedarfe in Wertströmen als Ganzes zu sehen.

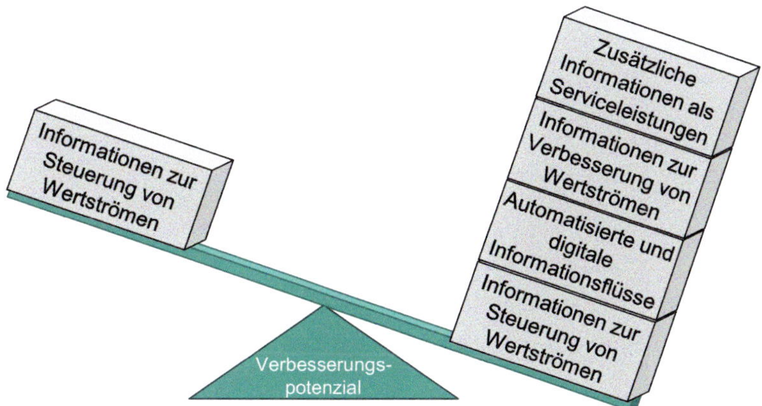

Im Folgenden sind zur Inspiration einige Beispiele zur Verbesserung von Wertströmen aufgeführt, die mithilfe aktueller Konzepte und Technologien erreicht werden können.

Hochleistungswertströme für individuelle Produkte

Kurze Lieferzeiten bei der Herstellung von individuellen Produkten erfordern schlanke Informations- und Materialflüsse. Die Verarbeitung von kundenindividuellen Informationen, muss dazu standardisiert und ggf. automatisiert ablaufen. Dies kann bspw. erreicht werden, wenn ein Kunde selbst die Individualisierung/Parametrisierung seines Produkts in einem Online-Konfigurator vornimmt. Damit lassen sich Tätigkeiten der Anpassungsentwicklung auf den Kunden übertragen und es wird wertvolle Durchlaufzeit eingespart. Die anschließenden Prozesse sind so zu verbinden, sodass Informationen durchgängig bis zu den Maschinen übertragen werden, ohne vermeidbare Interaktionen mit Personen (bspw. in der Arbeitsvorbereitung). Dieses Konzept ist bspw. bei der Herstellung individueller Pumpen oder Stanzwerkzeuge umgesetzt worden. Kunden können hier ein Produkt in einem freigegebenen Gestaltungsraum konfigurieren. Die zugehörigen Maschinencodes werden automatisiert erzeugt und die Aufträge mit Maschinencodes – ohne Zwischenschritt über eine AV oder Konstruktionsabteilung – digital zur Maschine gesendet. Alle notwendigen internen Logistikprozesse sind ebenfalls digital angebunden, um Wartezeiten aufgrund fehlender Informationen zu vermeiden und die kürzeste Durchlaufzeit zu ermöglichen.

Abweichungen erkennen bevor sie zu Problemen werden

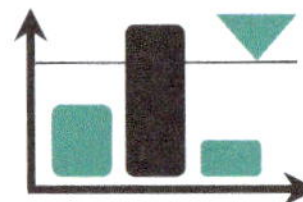

Das Ziel ist es Informationen aus Prozessen zu erfassen, zu verarbeiten und Entscheidungen auf Basis der gewonnenen Informationen zu treffen. Mit künstlicher Intelligenz oder Machine Learning werden Daten ausgewertet und Abweichungen oder Ausfälle erkannt, bevor diese zu Ausschuss, Nacharbeit oder ungeplanten Stillständen führen. Es gilt zu agieren, statt zu reagieren (Aufwertung des Poka-Yoke-Prinzips).

Dieses Konzept wurde bereits in vielen Unternehmen umgesetzt. Ein Beispiel ist die nachträgliche Ausrüstung einer Säge mit Sensoren. Mit den erfassten Vibrations- und Temperaturdaten sowie Ausfallinformationen wird anschließend ein künstliches neuronales Netz in einer Software trainiert. Über einen Monitor wird der erwartete Ausfallszeitpunkt zurückgespielt und ein rechtzeitiger Austausch des Sägeblatts vorgeschlagen, um Schaden und Ausschuss zu verhindern.

Aktuelle Informationen vor Ort durch Assistenzsysteme

Werkerassistenzsysteme ermöglichen es vor Ort, Informationen bedarfsgerecht dem Personal anzubieten und ggf. Expertenrat über Videotelefonie zuzuschalten. Ein weiterer Vorteil ist, dass Informationen bis kurz vor dem Zeitpunkt der Durchführung einer Tätigkeit verändert werden können ohne weiteren Aufwand nach sich zu ziehen. Dies ist mit Papierarbeitsanweisungen nicht möglich.

Bspw. informiert ein Unternehmen seine internen Logistiker über eine Smart-Watch, dass sich der Bestand an Elektronikbauteilen eines SMD-Bestückers leert. Die Logistiker können somit einen unbemerkten Maschinenstillstand durch fehlendes Material vermeiden. Ein weiteres Beispiel sind Datenbrillen, die bei Wartungsarbeiten komplexer Anlagen eingesetzt werden, um dem Personal die Handlungsanweisungen direkt vor ihrem Auge zu präsentieren. Somit können beide Hände bei der Arbeit frei bewegt werden oder Experten bei unerwarteten Problemen zugeschaltet werden.

Technologie-Integration

Vielversprechende Technologien wie Fahrerlose Transportsysteme (FTS) oder Co-Bots können an den richtigen Stellen einen Wertstrom aufgabenbezogen verbessern. Der Nutzen kann sich in der Reduzierung von einfacher Standardarbeit oder im Reduzieren von Durchlaufzeit durch direkte Transportwege von der Quelle zur Senke durch ein FTS widerspiegeln.

Bspw. werden für Rüstvorgänge die Werkzeuge von Pressen im Automobilbau oder bei Stanzmaschinen im Schaltschrankbau automatisiert durch FTS zu den Maschinen gefahren. Somit wird das SMED Prinzip technologisch unterstützt. In diesen beiden Fällen wurde die manuelle Tätigkeit als auch die zugehörige Steuerungsinformation automatisiert.

Nachhaltigkeit

Eine nachhaltige oder CO_2-neutrale Produktion von Produkten wird zunächst ein Alleinstellungsmerkmal darstellen. Kostenersparnisse können durch Ressourcenvermeidung (elektrische/thermische Energie, Einsatz von Roh- und Betriebsstoffen) und durch Recycling geschaffen werden.

Ein Hersteller von Kunststoffdichtungen spart durch 3D-Druck teures Material ein und kann die zerspanende Nachbearbeitung auf ein Minimum reduzieren. Ein weiteres Beispiel wurde bei einem Hersteller von Pneumatikventilen umgesetzt. Dieser misst den Energieverbrauch eines Fräsprozesses, um prädiktiv einen Werkzeugwechsel anstoßen zu können. Es wurde erkannt, dass verschlissene Werkzeuge zu einem höheren Energieverbrauch führen, bei gleichzeitig schlechterer Bauteilqualität. Als Ergebnis ist ein reduzierter Energieverbrauch bei niedrigeren Ausschussquoten zu verzeichnen. Die positiven Effekte liegen in der Reduzierung der Folgekosten, die sich im Ressourcenverbrauch, Zeit von Personen/Maschinen oder dem Vermeiden von Reklamationen widerspiegeln.

1.3 Ziel der neuen Wertstrommethode 4.0

Die Wertstrommethode, wie sie von Mike Rother und John Shook beschrieben wird, ist heute der „Goldstandard" in vielen Unternehmen, die den Produktfluss verbessern, Bestände senken und Durchlaufzeiten verringern wollen. Ihr Fokus liegt v.a. auf dem Fertigungswertstrom, d.h. dem Teile- und Materialfluss vom Rohmaterial zum Kunden. Informationsflüsse werden im Wesentlichen aus der Perspektive der Produktionssteuerung und deren Verbesserung betrachtet, um eine Produktion im Fluss zu erreichen. Ist die Zielsetzung jedoch, individuelle Kundenwünsche schnell, flexibel und gleichzeitig effizient zu erfüllen, dann greift eine reine Betrachtung von Produktion, Materialflüssen und zugehöriger Steuerungsinformation zu kurz. Aus diesem Grund wird mit der Wertstrommethode 4.0 der Fokus der klassischen Wertstrommethode auf alle an der Auftragsabwicklung beteiligten Bereiche erweitert, einschließlich des Kunden.

Der **Wertstrom** umfasst somit den Fertigungswertstrom, von „Rampe zu Rampe“, der um die Prozesse des indirekten Bereichs aus dem Auftragsabwicklungsprozess erweitert wird. Für die Darstellung in der Wertstromkarte bedeutet dies, dass die Prozesse, die bisher in den Einsteuerungspfeilen zusammengefasst sind, „aufgeklappt“ und dem Wertstrom vorangestellt werden. Somit erhalten wir den gesamten Wertstrom von der Bestellung des Kunden über die Bearbeitung des Auftrags in den indirekten Bereichen des Unternehmens und der Produktion bis zur Zustellung des fertigen Produkts an den Kunden.

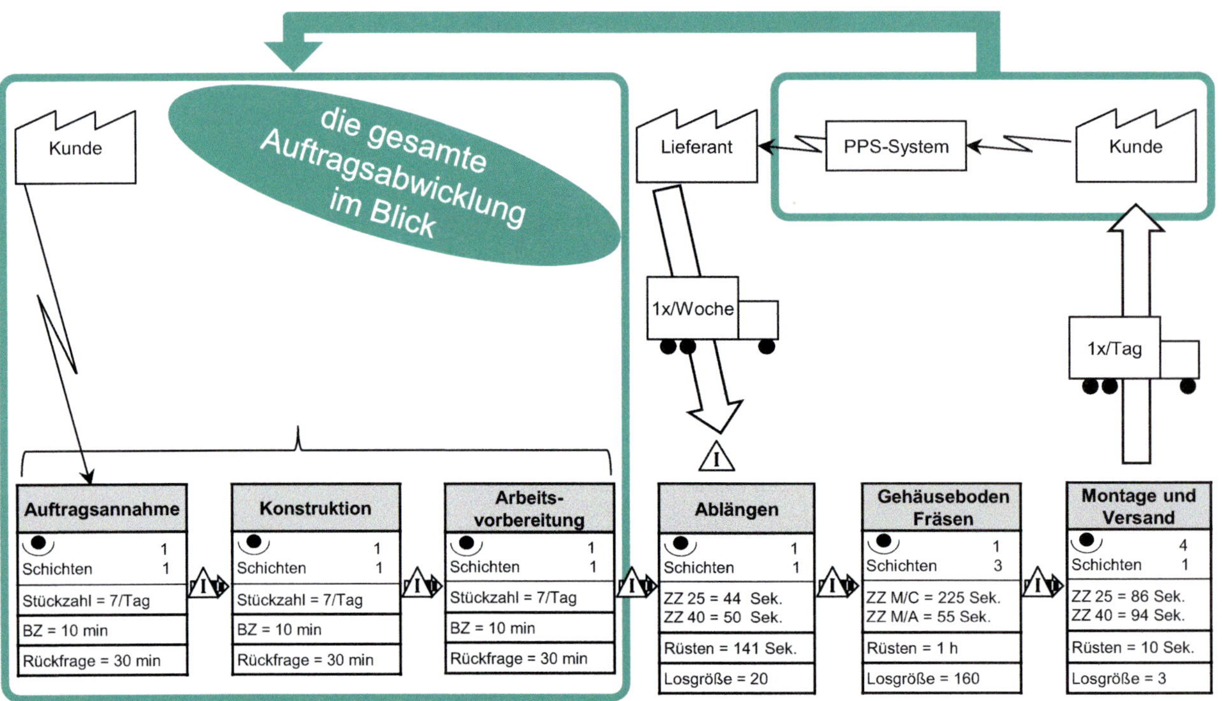

Mit diesem erweiterten Fokus und der synchronen Gestaltung von Material- und Informationsflüssen können Verschwendungen vermieden, kürzere Durchlaufzeiten realisiert und eine effizientere Wertschöpfung erreicht werden.

Darüber hinaus werden Informationen, im Rahmen dieser Methode, aus drei neuen Perspektiven betrachtet:

- Verschwendung im Umgang mit Informationen
- Nutzung von Informationen zur Prozessverbesserung
- Nutzung von Informationen zur Steigerung des Kundennutzens

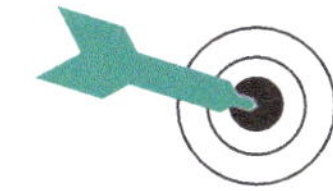

Die Wertstrommethode 4.0 ermöglicht es im gesamten Auftragsabwicklungsprozess, vom ersten Kundenkontakt in den administrativen Bereichen über die Produktion bis hin zum versendeten Produkt, einen Wertstrom verschwendungsarm zu gestalten.

Der Fokus der Methode liegt auf der Analyse und Neugestaltung aller notwendigen Informations- als auch Materialflüsse eines Wertstroms. Die Informationsflüsse umfassen neben der Information zur Produktionssteuerung auch alle notwendigen Informationsflüsse zur Durchführung der Tätigkeiten am jeweiligen Prozess selbst, den angrenzenden Fachbereichen sowie die Nutzung von Informationen (zur Prozessverbesserung, -steuerung oder zur Unterstützung des Geschäftsmodells).

2 Vorbereitung für ein erfolgreiches Projekt

Wie bei jedem Projekt sind auch bei einem Wertstrom-Projekt die Vorbereitung und Planung entscheidend für den Erfolg. Die Erfahrung aus zahlreichen Wertstrom-Projekten hat gezeigt, dass vorab Klarheit für alle Projektteilnehmenden über Ziele, Vorgehen, Ressourcen und Zusammenarbeit im Team zu schaffen ist. Halten Sie daher die wichtigsten Eckpunkte in einem Projektsteckbrief schriftlich fest. Diese Dokumentation kann bei Fragen immer wieder herangezogen werden. Dazu gilt es, die Produktfamilie auszuwählen, übergeordnete Ziele für das Wertstromprojekt festzulegen, Kennzahlen zur Messung dieser Ziele auszuwählen und letztlich ein kompetentes Wertstromteam zusammenzustellen. Anschließend werden diese Punkte in einem Projektsteckbrief zusammengefasst. Die genannten Elemente werden in den folgenden Abschnitten kurz vorgestellt.

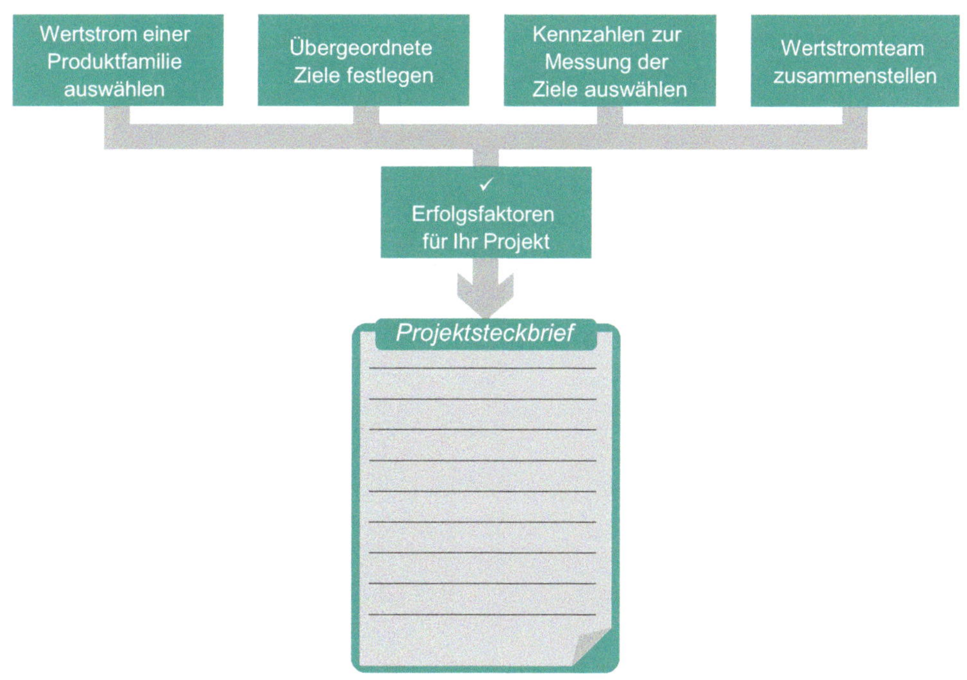

2.1 Produktfamilie auswählen und Wertstrom identifizieren

Wenn Sie eine große Anzahl verschiedener Produkte mit einer Vielzahl an Varianten und Anforderungen im Angebot haben, sollten Sie sich für Ihr Wertstromprojekt auf eine relevante Produktfamilie fokussieren. Diese Relevanz lässt sich bspw. über die Absatzmenge, den Umsatz, die Häufigkeit von Problemen etc. herausarbeiten. Grundsätzlich ist aus Wertstromsicht eine Produktfamilie als Gruppe von Produkten definiert, die eine möglichst gleiche Reihenfolge von Prozessen durchläuft und gleiche Ressourcen belegt. Im Folgenden sind drei Optionen kurz beschrieben, um eine Produktfamilie und den zugehörigen Wertstrom abzugrenzen.

Hinweis

Wählen Sie für ihr erstes Projekt eine Produktfamilie aus, die einerseits von hoher Wichtigkeit für ihr Unternehmen ist, aber andererseits einen nicht zu komplexen Wertstrom aufweist. So erhöhen Sie die Aufmerksamkeit für das Projekt und reduzieren gleichzeitig Risiken aufgrund eines schwer einzuschätzenden Projektumfangs.

Option – Produktfamilien-Matrix[1]

Bei einer überschaubaren Anzahl von Produkten kann dieses Verfahren gut angewendet werden. Hier werden allen Produkten mithilfe einer Matrix die durchlaufenen Prozessschritte (durch ein Kreuz gekennzeichnet) zugeordnet. Im zweiten Schritt sind Produktfamilien zu bilden durch das Gruppieren von Produkten, die vergleichbare Produktionsschritte durchlaufen. Welche einzelnen Produkte zu einer Familie zusammengefasst werden, muss einzeln entschieden werden, mit dem Ziel möglichst ähnliche Produktionsschritte und ähnliche Betriebsmittel zu einer Familie zusammenzufassen. Dieses Vorgehen ist bei großen Produktfamilien bzw. umfangreichen Stücklisten mit einem hohen Aufwand verbunden und wird schnell unübersichtlich, gerade wenn viele Artikelnummern existieren. In diesen Fällen kann ein Clustering mit einer Statistik-Software durchgeführt werden.

[1] Vgl. hier und alle im Folgenden vorgestellte Optionen: Erlach (2010)

Produkte	Sägen	Fräsen	Härten	Waschen	Lackieren	QS	Montage 1	Montage 2
	Produktionsschritte							
A		X	X	X		X	X	
B	X	X		X	X	X		X
C		X		X		X	X	
D	X	X		X		X		X
E	X	X		X	X	X		X

Produkte	Sägen	Fräsen	Härten	Waschen	Lackieren	QS	Montage 1	Montage 2	Produktfamilien
	Produktionsschritte								
B	X	X		X	X	X		X	I
E	X	X		X	X	X		X	I
D	X	X		X		X		X	I
A		X	X	X		X	X		II
C		X		X		X	X		II

Option – Produktionsablauf

Die Produktfamilien werden bei diesem Verfahren über typische Ablauffolgen in der Produktion gebildet, die einzelne Produkte durchlaufen. Anschließend wird ein relevanter Ablauf als Produktfamilie definiert und ausgewählt. Produkte, die über dieselben Prozesse des gewählten Ablaufs führen, werden zunächst nicht betrachtet.

Ablauf 1	Ablauf 2	Ablauf 3	Ablauf 4
Sägen	Fräsen	Sägen	Fräsen
Fräsen	Montage	Fräsen	Härten
Waschen	Versenden	Waschen	Fräsen
Montage		Lackieren	Waschen
Versenden		Montage	Montage
		Versenden	Versenden

Option – Familienähnlichkeit

Eine weitere Möglichkeit besteht in der Zusammenfassung von einzelnen Produkten nach bestimmten Merkmalen oder Kombination von Merkmalen. In der folgenden Abbildung sind beispielhaft Merkmale aufgeführt nach Art der Rohmaterialien, Geometrie, Komplexität, Funktionalität und der Handhabung.

2.2 Übergeordnete Projektziele festlegen

Schon bei der Zieldefinition für das Wertstromprojekt sollte ein Fokus gewählt werden, der über die Suche nach Verschwendungen und Beständen hinausgeht. Hier ist es hilfreich, mit dem Management die relevanten Zielbereiche für das Wertstromprojekt herauszuarbeiten. Wo werden die größten Potentiale oder Notwendigkeiten für eine Veränderung gesehen? Was sind die übergeordneten Ziele für den neuen Wertstrom?

In den folgenden Kategorien können Ziele definiert werden:

Hinweis

In den meisten Unternehmen können alle oben genannten Fragen mit „JA“ beantwortet werden. Projektumfang, Wissensstand und Ressourcen sind abzuwägen, um ein gewünschtes Ergebnis erhalten zu können. Es gilt einzelne Projektziele herauszuarbeiten und zu verfolgen.

Vorgehen

Als Ergebnis werden die übergeordneten Projektziele des Managements mit Kennzahlen quantifiziert. Es bietet sich an, die Ziele in einer Tabelle aufzulisten und im Projektsteckbrief (siehe Abschnitt 2.6) zu dokumentieren.

Übergeordnete Projektziele	Einheit	Ausgangswert → *WSA4.0*	Projekt-Ziel → *WSD4.0*	Aktuelle Werte → *Umsetzung*
Durchlaufzeit	Tage	23,5	7	14
Produktivität	Stück/(Personen & Woche)	24	36	29,3

Beispielwerte. Diese Tabelle kann im Projektverlauf fortlaufend aktualisiert werden.

2.3 Projektziele durch Kennzahlen in den Prozessen messbar machen

Vor Beginn der Analyse werden vom Wertstromteam hilfreiche KPIs ausgewählt, um die übergeordneten Ziele zu quantifizieren. Die ausgewählten KPIs werden mit Einheiten anschließend in den Projektsteckbrief übertragen. Eine Auswahl typischer KPIs sind hier aufgelistet:

Hinweis

Das (manuelle) Aufnehmen von vielen unterschiedlichen Kennzahlen gibt dem Wertstromteam das Gefühl den Wertstrom „vollständig analysiert zu haben". Dies ist mit einem hohen Aufwand verbunden und geht zulasten der Übersichtlichkeit, da die Menge an Informationen eine Interpretation der Wertstromkarte erschwert. Es ist somit hilfreich, sich auf wenige und aussagekräftige Kennzahlen zu beschränken. ■

Vorgehen

Die gewünschten KPIs zur WSA 4.0 werden im Projektsteckbrief festgehalten, Beispiel:

Indirekter Bereich	Direkter Bereich	Logistik
▪ Bearbeitungszeit ▪ Rückfragen ▪ Stückzahl	▪ Zykluszeit ▪ Ausschuss ▪ Rüstzeit ▪ OEE ▪ Rückfragen	▪ Bestand

Wenn die Erfassung einzelner KPIs an einem Prozess keinen Mehrwert bringt, werden diese KPIs nicht berechnet, bspw. die KPI „Rüstzeit", wenn kein Rüsten im Prozess existiert.

2.4 Wertstromteam zusammenstellen

Der Erfolg des Wertstromprojekts ist auf der einen Seite von dem Wissen der einzelnen Personen abhängig und auf der anderen Seite von den ausgeübten Team-Rollen. Für Ihr Wertstromprojekt ist es nützlich, Personen aus den einzelnen Teilbereichen (Abteilungen) des Wertstroms in das Team zu holen. Somit wird sichergestellt, dass zu jeder Zeit das Wissen über bestimmte Besonderheiten aus den Teilbereichen für Diskussionen verfügbar ist. Weiterhin sind Personen aus angrenzenden Abteilungen mit einzubeziehen, um Anforderungen aus neuen Geschäftsmodellen oder dem Einsatz neuer Technologien gleichzeitig in das Wertstromdesign mit einfließen lassen zu können.

In einem gelungenen Projekt sind bestimmte Rollen zu bestimmen, zu schulen und festzuhalten.

Top Management	Methoden Champion	Wertstrom-Manager	Wertstrom-Team & IT-Experten	Mitarbeiter im Wertstrom
▪ Stellt die Wichtigkeit des Projekts eindeutig heraus ▪ Überprüft Fortschritt ▪ Baut Hindernisse aktiv ab	▪ Methodenwissen ▪ Moderiert Workshops ▪ Coaching ▪ Kann von intern/extern kommen	▪ Persönlichkeit zur Teamleitung (baut Distanzen ab und schafft offenen Austausch) ▪ Projektleitung und Wertstrom-Verantwortung (Aufgaben delegieren, Soll-Ist-Vergleich)	▪ Unterstützen den Wertstrommanager ▪ Konzeptionelles Wissen ▪ Multidisziplinärer Hintergrund ▪ Hinterfragen Aussagen und Resultate kritisch ▪ IT-Experten für bspw. ERP-Anpassungen oder Maschinenanbindung	▪ Prozess-Experten ▪ aktiv einzubinden ▪ Bekommen Basisschulung zur WSM4.0, Lean oder Digitalisierung ▪ Wissen und Fähigkeiten bei Ihrem Wertstromprojekt zur Problemlösung und Verbesserung nutzen

2.5 Erfolgsfaktoren für Ihr Wertstromprojekt

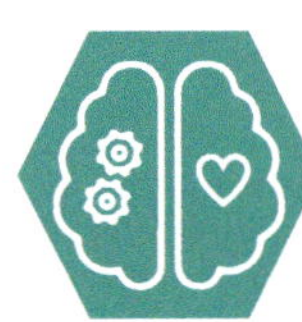

✓ **Top-Management Support**

Eine starke Unterstützung des Top-Managements ist essenziell bei der Umsetzung. Es ist wichtig zu erklären, dass der „Wertstrom als Ganzes" zu verstehen ist, Projektziele einen Bezug zur Unternehmensstrategie haben, Personal im Projektrahmen zu qualifizieren ist und das Projekt keine Bedrohung darstellt. Angrenzenden Bereichen außerhalb des Teams ist das Ziel des Projekts zu kommunizieren. Sie sind zur Zusammenarbeit aufzufordern.

✓ **Handlungsfähiges interdisziplinäres Team zusammenstellen**

Wählen Sie engagierte Personen aus unterschiedlichen/angrenzenden Bereichen Fachbereichen eines Wertstroms aus, *bilden Sie ein Team* und befähigen Sie die Personen eigenständige Entscheidungen zu treffen. Behalten Sie dabei auch die zwischenmenschlichen Beziehungen im Auge.

- ✓ **Schulung des Teams sicherstellen**
  Ein nachhaltiges Wertstromprojekt entwickelt nicht nur den betrachteten Prozess weiter, sondern auch die beteiligten Mitarbeiter in ihrer Fähigkeit, Potentiale zu erkennen, Probleme zu lösen und Abläufe zu verbessern - und zwar idealerweise während des Projekts. Die Ergebnisse des Projekts hängen sehr stark vom Wissen zu Lean Management und zur Digitalisierung ab.
- ✓ **Unternehmenskultur für Zusammenarbeit und Veränderung**
  Eine gute Kultur in Ihrem Unternehmen erleichtert es mit Kollegen den Istzustand zu erfassen und neue Konzepte umzusetzen, es geht dann um die Sache an sich (wie bspw. Kundenorientierung). Ebenso sind die Ideen eines jeden Mitglieds zu hören, unabhängig der Hierarchie. Dies unterstützt Gruppenentscheidungen.
- ✓ **Methode auf Ihr Projekt anpassen**
  Wenn die Theorie nicht 1:1 auf Ihren Wertstrom anwendbar ist, so kann mit der Kreativität Ihres interdisziplinären Teams eine angepasste Lösung entwickelt werden.
- ✓ **Mit guter Kommunikation an einem Strang ziehen**
  Eine klare, dauerhafte und effektive Kommunikation für alle Personen, die im Wertstrom arbeiten ist sicherzustellen. Transparenz schafft vertrauen.
- ✓ **Mit IT-Support schneller eine Lösung finden**
  Erfahrene IT-Spezialisten können durch ihre Fragen neue Perspektiven eröffnen und Ideen zur Problemlösung einbringen. Manchmal hilft bereits das Einrichten einer Zugangsberechtigung, um einen Ablauf zu verbessern.
- ✓ **Ressourcen zur Verfügung stellen**
  Dies umfasst Personal, Kosten (ggf. für Beratung, Schulungen oder Hard-/Software) und Zeit zur Umgestaltung eines Wertstroms/Einführung einer Lösung.
- ✓ **Veränderung ist zu managen**
  Die richtige Größe des Wertstroms ist zu wählen (Produktfamilie), Kennzahlen zu erheben und der PDCA Prozess ist konsequent durchzuführen. Dies braucht Präsenz vor Ort.
- ✓ **Einsatz von IT-Tools & Software**
  Weiterhin kann das Wertstromteam hilfreiche Software zur Aufnahme und Gestaltung einsetzen. Dies umfasst Software zur Visualisierung von Wertströmen und Software zur tiefergehenden Datenerfassung oder -analyse. Es ist wichtig, dass mit dem Einsatz von Software die Arbeit an der Wertstromkarte nicht leidet und weiterhin von allen statt von einer Person daran gearbeitet wird. ■

■ 2.6 Projektvorgehen und Projektvereinbarungen festlegen

Mit wenig Aufwand können die wichtigsten Eckpunkte in einem Projektsteckbrief schriftlich festgehalten werden. Diese Dokumentation kann bei Fragen immer wieder herangezogen werden. Vor Projektbeginn ist es nützlich, den Wertstrom einmal abzulaufen, kurze Gespräche mit den wichtigsten Teilnehmern zu führen und die wichtigsten Prozesse zu notieren, bevor die Ausgestaltung des Steckbriefs erfolgt.

Projektsteckbrief

Wertstromprojekt - Pumpen AG – Start Februar:

1. **Erwartete Projektziele festlegen (Festlegung durch das Management)**
   - „Ausbringungsmenge wird an die Kundennachfrage angepasst. Der Wertstrom muss 2800 Teile im Zweischichtbetrieb liefern."
   - „Aufbau eines kennzahlenbasierten kontinuierlichen Verbesserungsprozesses (KVP) im Wertstrom."
2. **Fokus der Untersuchung (Produktfamilie bestimmen – Abschnitt 2.1**
   - Der Wertstrom wird vom Vertrieb, hin zum versendeten Produkt betrachtet. Der Einkauf wird ausgelassen.
   - Identifizierter Wertstrom (Prozesse): Vertrieb, Konstruktion, CNC-Programmierung, Drehen, Montage und Versand.
3. **Zu erreichende Kennzahlen (Abschnitt 2.2 und Abschnitt 2.3)**
   - Wir verbessern die Durchlaufzeit (Ziel -50%, aktuell 14 Tage), First time right (Ziel 99%, aktuell 75%), Platzbedarf (Ziel 100m², aktuell 400 m²).
4. **Team und Rollen im Team (Wertstrom-Team zusammenstellen – Abschnitt 2.4)**
   - Projektleitung (CEO): Emilia M.
   - Wertstrom-Manger: Greta H.
   - Wertstrom-Team: Stefan S., Markus R., Jörg B.
   - Ext. Beratung: Carla M., Caroline M.
5. **Zeitplan**

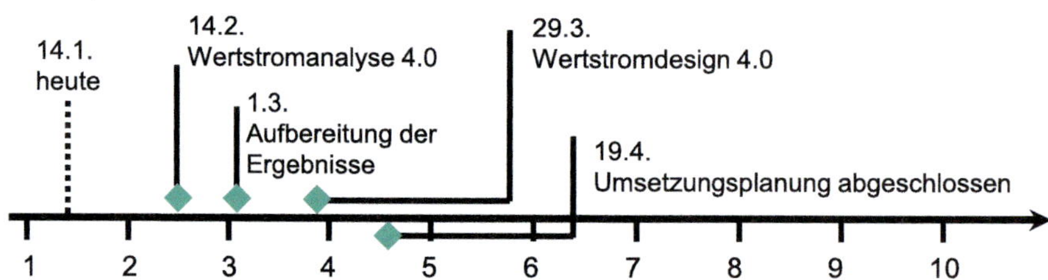

6. **Regeln für die Zusammenarbeit**
   - Entscheidungen werden im Team getroffen, jede Meinung zählt.
   - Keine parallelen Termine.
   - Immer freitags von 8-12 Uhr wird am Projekt gearbeitet.
7. **Kickoff-Termin & Verantwortlichkeiten**

3 Wertstromanalyse 4.0 – Istzustand analysieren

Die klassische Wertstromanalyse (im Folgenden WSA genannt) bildet die Basis für das methodische Vorgehen in der Wertstromanalyse 4.0 (im Folgenden WSA4.0 genannt).

In der ersten Phase wird mit der WSA ein umfassendes Prozessverständnis geschaffen. Es wird dargestellt, wie *aktuell* der Produktfluss und die Steuerung dieses Produktflusses in einem Wertstrom der Auftragsabwicklung ausgeführt werden. Die klassischen 7+1 Verschwendungsarten im aktuellen Zustand des Wertstroms werden herausgearbeitet (Methodenschritte 1 bis 4).

Wertstromanalyse 4.0

Phase I: *Klassische Verschwendung analysieren*	**Phase II:** *Informationslogistische Verschwendung analysieren*
Methodenschritte	*Methodenschritte*
1 **Kunden- und Managementanforderungen verstehen**	5 **Swimlanes der Speichermedien einzeichnen**
2 **Einzelne Prozesse analysieren**	6 **Prozessinformationen & Informationsflüsse analysieren**
3 **Durchlaufzeit berechnen**	7 **Datennutzung analysieren**
4 **Kaizens aus den klassischen Verschwendungen ableiten**	8 **Informationslogistische Verschwendungen erfassen**
	9 **Kaizens aus den informationslogistischen Verschwendungen ableiten und priorisieren**

In der zweiten Phase wird mit der WSA4.0 ein umfassendes Verständnis über die Informationsflüsse und die Nutzung von Informationen in der Auftragsabwicklung geschaffen. Es wird herausgearbeitet, wie aktuell Informationen erfasst, verarbeitet und genutzt werden. Die informationslogistischen Verschwendungen im aktuellen Zustand des Wertstroms werden dargestellt (Methodenschritte 5 bis 9).

3.1 Phase I: Klassische Verschwendung analysieren

Im folgenden Abschnitt wird der Begriff der Wertschöpfung und Verschwendung herausgearbeitet (Abschnitt 3.1.1), anschließend die Methodenschritte der Wertstromanalyse erklärt (Abschnitt 3.1.2) und ein Beispiel gezeigt (Abschnitt 3.1.3).

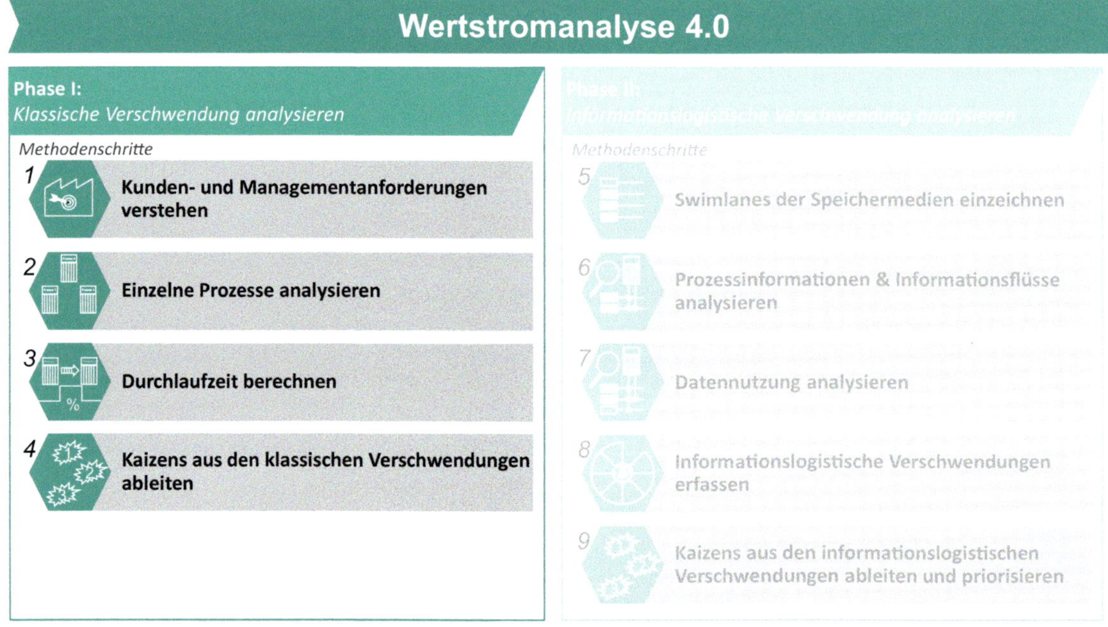

3.1.1 Wertschöpfung und Verschwendung

Für das Durchführen einer WSA ist es wichtig, das grundlegende Konzept von Wertschöpfung und Verschwendung zu verstehen und zu verinnerlichen. Grundsätzlich gilt die einfache Erkenntnis: Alles wofür ein Kunde bereit ist zu zahlen, kann als wertschöpfend bezeichnet werden. Alles andere ist Verschwendung. Alle Tätigkeiten und Produktionsschritte im Wertstrom lassen sich damit in drei Kategorien einteilen:

- Wertschöpfende Aktivitäten (jede einzelne Tätigkeit, für die die Kunden bereit sind zu zahlen),
- notwendige nicht wertschöpfende Aktivitäten (bspw. das Be- und Entladen einer Maschine oder das Greifen eines Werkzeugs) und
- nicht wertschöpfende Aktivitäten (bspw. unnötig lange Transportwege von Werkzeugen, die zu weit vom Ort der Wertschöpfung gelagert sind).

Die folgende Abbildung zeigt diese drei Elemente der Arbeit, die bei einer Wertstromanalyse beobachtet werden können. Das übergeordnete Ziel ist es, den Wertschöpfungszeitanteil durch das Eliminieren oder Reduzieren von Verschwendung zu erhöhen.

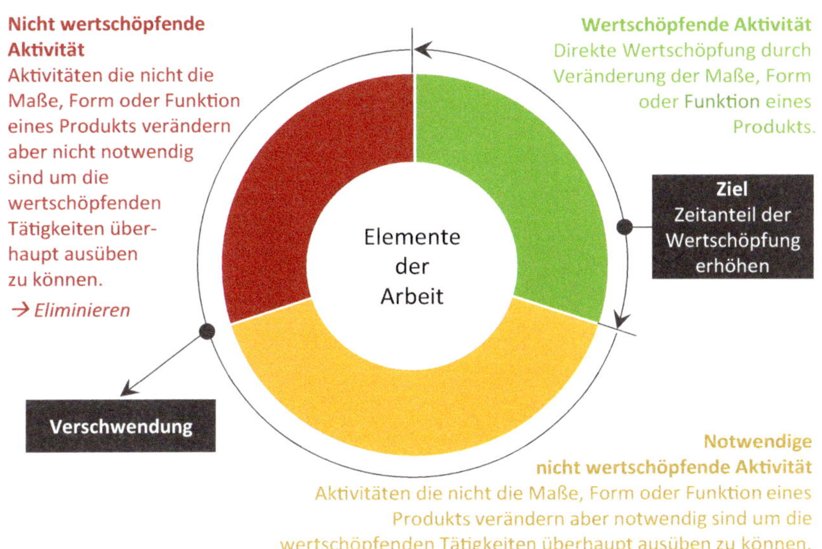

Auch wenn Verschwendung teilweise notwendig ist, um Wertschöpfung zu erbringen, so sind diese Zeitanteile mit kontinuierlicher Verbesserung auf ein Minimum zu reduzieren. Generell sind Verschwendung und wertschöpfende Tätigkeiten nicht klar voneinander getrennt, sondern aneinandergereiht in vielen kleinen Zeitanteilen im Wertstrom zu finden. Es gilt diese im Einzelnen zu erkennen (WSA) und möglichst zu eliminieren (WSD). An für den Wertstrom besonders bedeutsamen Prozessschritten (bspw. Engpässen) bietet es sich im Anschluss an die WSA an, eine detaillierte Arbeitsablaufanalyse mit Zeitaufnahme und Kategorisierung jedes Arbeitsschritts in wertschöpfend, notwendig, nicht wertschöpfend und Verschwendung durchzuführen. Die Arbeitsablaufanalyse ist insbesondere dort notwendig, wo taktgebundene Arbeit (bspw. im Rahmen einer Fließlinie) eingeführt bzw. verbessert werden soll.

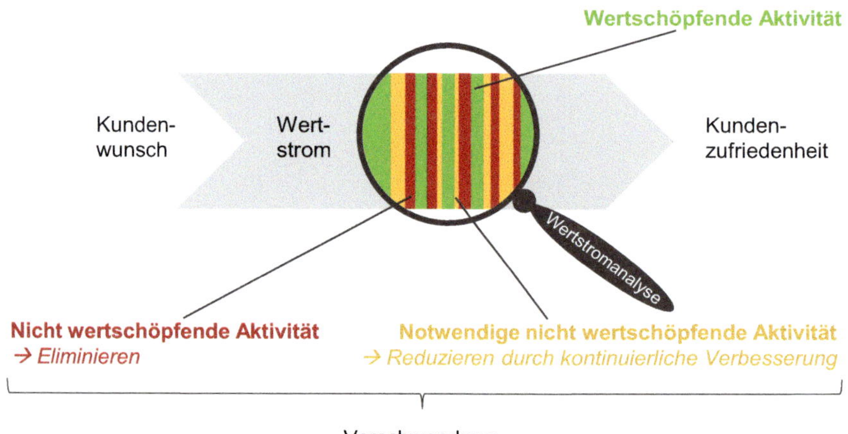

Taiichi Ōno fasst die beschriebene Denkweise über einen Wertstrom prägnant zusammen.

„All we are doing is to minimize the time between the moment we accept the order and the moment we collect the money. This we achieve by removing non value added wastes.“

Taiichi Ōno
(Gründer des Toyota-Produktionssystems)

Die Methoden der schlanken Produktion, auf die wir hier nicht im Einzelnen eingehen, unterstützen bei der Reduzierung und Vermeidung von Verschwendung. Eine Reduzierung einzelner Verschwendungsarten führt in der Regel auch zu einer Reduzierung von anderen Verschwendungsarten. Ebenso bringt aber auch das Vorkommen einer Verschwendungsart meist noch andere Verschwendungen mit sich.

Die klassischen Verschwendungsarten

Im Folgenden sind diese klassischen 7+1 Verschwendungsarten kurz beschrieben.

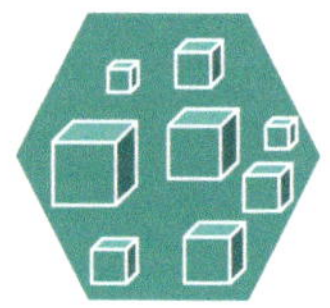

Überproduktion

Die Herstellung von Produkten über die Kundennachfrage hinaus und die verfrühte Fertigstellung von Aufträgen wird als Überproduktion bezeichnet. Zuviel produzierte Produkte können alle anderen Verschwendungsarten beinhalten oder auch verursachen.

Bewegung

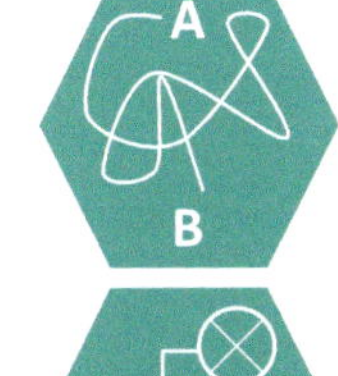

Eine ungünstige Arbeitsplatzgestaltung und Materialbereitstellung führen zu unnötiger Bewegung von Personen und Material.

Nacharbeit & Defekte

Unsachgemäße Handhabung oder instabile Prozesse können Defekte/Ausschuss verursachen (Kosten). Im besten Fall kann durch Nacharbeit ein Produkt wieder in den gewünschten Zustand versetzt werden (Aufwand und Kosten).

Transport

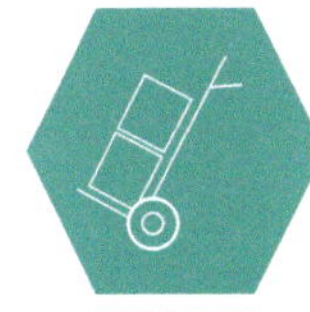

Hierunter wird der unnötige Transport von Produkten verstanden. Dazu zählen zu lange Transportwege oder die unnötige Einlagerung von Halbfabrikaten.

Prozessübererfüllung

Werden Produkte über eine Kundenanforderung hinaus produziert, bspw. eine höhere Oberflächengüte gefertigt als gefordert, so stellt dies einen unnötigen Aufwand dar.

Wartezeit

Die Wartezeit wird i.d.R. auf das Warten eines Mitarbeiters bezogen. Bei kostenintensiven Anlagen wird die Wartezeit einer Maschine auf einen Menschen oder fehlendes Material betrachtet.

Bestände

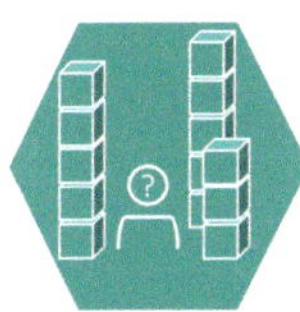

Die unnötig hohe Lagerhaltung von Fertigwaren, Halbzeugen, Zukaufteilen und Rohstoffen bindet Kapital und Lagerflächen, -technik, -verwaltung und -personal. Dazu kommt die Gefahr der Überalterung von Produkten.

Ungenutzte Kreativitätspotenziale des Personals

Dies tritt auf, wenn gut ausgebildete Mitarbeitende lediglich einfache Tätigkeiten ausführen und deren Fähigkeiten nicht zur kontinuierlichen Verbesserung genutzt werden.

3.1.2 Die Wertstromanalyse

Neu im Vergleich zur klassischen Wertstrommethode[1] ist, dass mit den folgenden Schritten die Prozesse vom ersten Kundenkontakt, über alle Prozessschritte im indirekten und direkten Bereich bis hin zum Versand analysiert werden. Die Schritte der klassischen WSA, welche auf den folgenden Seiten beschrieben werden, bleiben im Grunde weiterhin bestehen. Es werden lediglich die Darstellungen für Prozessboxen sowie für Logistikelemente angepasst.

Verschaffen Sie sich einen ersten Überblick und starten Sie mit einem „Schnelldurchlauf" durch den gesamten Wertstrom vom ersten Kundenkontakt hin zum Versand. Anschließend beginnen Sie die Aufnahme bei dem letzten Prozessschritt und laufen flussaufwärts bis hin zur Auftragsannahme mit dem ersten Kundenkontakt. Somit sehen Sie bei der Analyse jeden sich im Wertstrom befindenden Auftrag und haben v.a. Kontakt zu allen Personen, die an der Auftragsdefinition und -erfüllung mitwirken. Stellen Sie dabei Fragen nach der Herkunft von Auftragsinformation und Material sowie ihrer Weitergabe. Legen Sie einen besonderen Schwerpunkt auf die Erfassung von Beständen an Rohmaterial und Halbzeugen. Dort, wo sich Material staut bzw. wo hohe Lagerbestände und große Puffer in Supermärkten liegen, funktioniert die Abstimmung zwischen den Stationen eines Wertstroms nicht richtig. Finden Sie durch „Warum"-Fragen heraus, welche Ursachen zu den Beständen führen. Diese Ursachen führen Sie direkt zu Verbesserungsmöglichkeiten (sog. Kaizen).

3.1.2.1 Schritt 1: Kunden- und Managementanforderungen verstehen

Mit der genauen Beschreibung der Kundenanforderungen, die diese an den Wertstrom oder an die Produktfamilie haben, wird das Wertstromteam mit geschärftem Blick mehr Potentiale bei der Analyse vor Ort erkennen, als es mit einer reinen Betrachtung des Kundentakts möglich ist. Abseits der Serienproduktion wird der erste Schritt der klassischen Wertstromanalyse, den Kundentakt zu berechnen, oftmals übersprungen (dies sollte allerdings nur in Ausnahmefällen geschehen). Gründe dafür liegen darin, dass ein Unternehmen im Sondermaschinen- oder Anlagenbau oder in der Wartung tätig ist und das kundenindividuelle Arbeitsvolumen sowie die Nachfrage zu stark variieren.

Im Folgenden sind Kategorien und Fragen aufgeführt, die dabei helfen, Kunden- und Managementanforderungen an den zu analysierenden Wertstrom umfassend zu beschreiben. Weitere Kategorien können je nach Unternehmen notwendig sein, um die Anforderungen an den Wertstrom genau zu erfassen.

---

[1] Die klassische Methode der Wertstromanalyse ist in Rother/Shook (2015) als auch in Erlach (2010) beschrieben. Wir haben die Schritte hier so angepasst, dass sie unserer Erfahrung einer pragmatischen Analyse vor Ort entsprechen. Bspw. haben wir Methodenschritte zusammengefasst, die gleichzeitig an einem Prozess/ggf. Abteilung erledigt werden können (vgl. Schritt 2 der hier beschriebenen Methode).

Serien- und Kleinserienproduktion – Takt

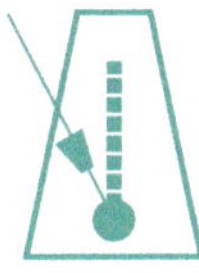

Der Kundentakt (KT) ist das Zeitinkrement, welches dem Wertstrom zur Verfügung steht, um eine Einheit der betrachteten Produktfamilie auszuliefern. Er berechnet sich als Quotient aus Arbeitszeit und der durchschnittlich zu befriedigenden Nachfrage einer Periode. Der Kundentakt bestimmt den Rhythmus für den Wertstrom eines Produkts.

$$Kundentakt = \frac{Arbeitszeit\ pro\ Periode}{ø\ Kundenbedarf\ pro\ Periode}$$

Hinweis: Arbeitszeit und Kundenbedarf müssen sich auf dieselbe Zeitspanne beziehen (bspw. pro Tag, Woche oder Monat)

Schicht-Korrektur: Bei unterschiedlichen Schicht-Anzahlen in den Unternehmensbereichen, wird der KT einzeln für diese Bereiche berechnet.

Maschinen- und Anlagenbau – Projektgeschäft und Takt

Charakteristisch für den Maschinen- und Anlagenbau ist, dass die Prozesse im indirekten Bereich eines Projekts und v.a. die Auftragsklärung mit Kunden in der Regel länger dauern als die spätere Fertigung und Montage im direkten Bereich. Oftmals ist der aktuelle Fortschritt oder Verzug eines Projekts nicht transparent dargestellt und die parallele Bearbeitung einer Vielzahl von Projekten erschwert die Priorisierung und unterbrechungsfreie Bearbeitung. Hilfreiche Fragestellungen, zur Beschreibung eines Wertstroms sind:

- Haben die variantenreichen Produkte prinzipiell dieselbe Funktion?
- Welche Parameter sind variantengebend (Größe, Material, Farbe etc.)? Müssen diese Parameter nur einmalig an einem Prozess beachtet werden oder beeinflussen diese die Folgeprozesse?
- Wie standardisiert oder parametrisiert sind „individuelle Baugruppen“?
- Was ist die durchschnittliche Nachfrage (Takt) über eine Periode?
- Werden mehrere Prinzipien zur Auftragssteuerung angewendet (bspw. Critical Chain Project Management (CCPM), MRP etc.)?

Nachfrageveränderung und Instabilität

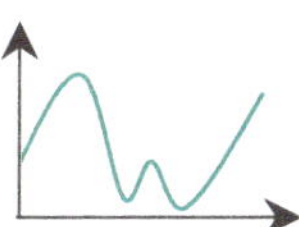

In den wenigsten Fällen haben Unternehmen eine kontinuierliche Nachfrage ihrer Produkte zu verzeichnen. Vielmehr stellen folgende Fragestellungen besondere Anforderungen an Wertströme:

- Gibt es eine wachsende/fallende Nachfrage?
- Sind saisonale oder durch Messen verursachte Schwankungen der Nachfrage vorhanden?
- Wie viele kurzfristige Änderungen werden von Kunden eingesteuert?

Spezielle Kundenanforderungen

Es kann hilfreich sein, die speziellen Anforderungen von Kunden herauszuarbeiten und zu Gruppen zusammenzufassen. Mit den folgenden Fragestellungen kann Klarheit geschaffen werden:

- Welche Kundengruppen gibt es?
- Gibt es individuelle Anforderungen je Kunden(-gruppe)?
- Welche Produktmerkmale sind qualitätskritisch?
- Ist es möglich, (Vor-)Produkte in Renner und Exoten zu segmentieren, so dass Teile des Wertstroms ungestört von individuellen Anforderungen betrieben werden können?

Eilaufträge, Reparaturen, geteilte Ressourcen etc. im Hauptwertstrom

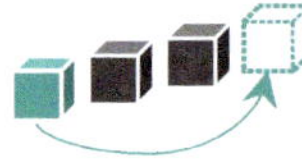

Mit der Wertstromanalyse wird eine Momentaufnahme im Auftragsabwicklungsprozess für eine Produktfamilie aufgenommen. Es ist hilfreich, das Auftragsvolumen dieser Produktfamilie im Verhältnis zur Gesamtauslastung des Unternehmens einzuordnen:

- Gibt es geteilte Ressourcen im betrachteten Wertstrom?[2]
- Werden Reparaturaufträge über den betrachteten Wertstrom abgewickelt? Wie hoch ist das Verhältnis zwischen Reparaturen und Auftragsabwicklung?
- Wie gut ist die Planungsstabilität? Gibt es bspw. feste Wochenpläne?
- Wie hoch ist die Anzahl an Eilaufträgen im Verhältnis zu planbaren Aufträgen?

Zukünftige Herausforderungen

Sind bereits anstehende Veränderungen für den Wertstrom bekannt, so sollten diese im Wertstromteam vorab diskutiert werden. Fragestellungen dazu sind:

- Wie steht es um die Qualität (Ausschuss- und Nacharbeitsquote, Kundenreklamationen)?
- Ist eine Qualitätsoffensive notwendig?
- Soll eine neue Technologie in die Produkte integriert werden und sind neue Prozessschritte notwendig?
- Sind Kostenreduktionen notwendig?

Im Rahmen der WSA4.0 werden die Informationsflüsse von den Kunden in den Wertstrom und von dort zurück zu den Kunden analysiert.[3] Wie und in welchen Systemen werden die Kundenanforderungen sowie die Bestellungen erfasst (Variante, Maße, gewünschte Anzahl oder Lieferdatum)? Welche Informationen werden

---

[2] Weiterführende Betrachtung und Kennzahlen in Erlach (2010)

[3] Meudt (2020); Meudt, Metternich, Abele (2017)

an die Kunden übergeben, wie bspw. Parameter eines Produkts oder ein Echtzeit-Tracking der Bestellung. Generelle Informationen, so wie sie aus der klassischen WSA bekannt sind, werden weiterhin in den Prozessboxen für die Kunden erfasst. Neu bei der WSA4.0 ist die Darstellungsweise der Kundenboxen. Die Felder für einzelne Kundeninformationen sind um 90° gedreht und beinhalten mehr Details für die Auftragsabwicklung:

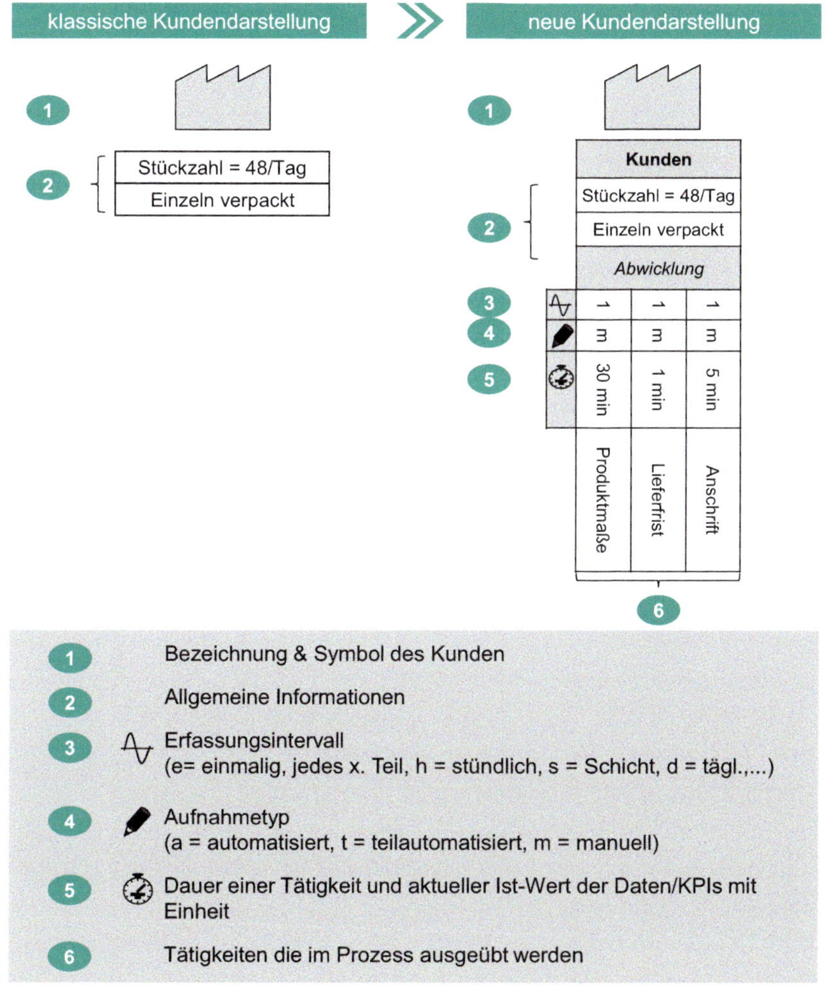

Vorgehen:

Der Kunde wird als Fabriksymbol oben in die Wertstromkarte eingetragen. Zusätzliche Informationen wie bspw. die Lieferhäufigkeit oder die Anzahl von Produkten pro Verpackung werden in einem Datenkasten unterhalb eingetragen. Abweichend zur klassischen WSA wird der *Kunde zwei Mal auf der Wertstromkarte eingetragen,* vor der Bestellung und nach der Lieferung. Somit lässt sich sowohl der Bestellprozess als auch der Versand- und Annahmeprozess beim Kunden beschreiben.

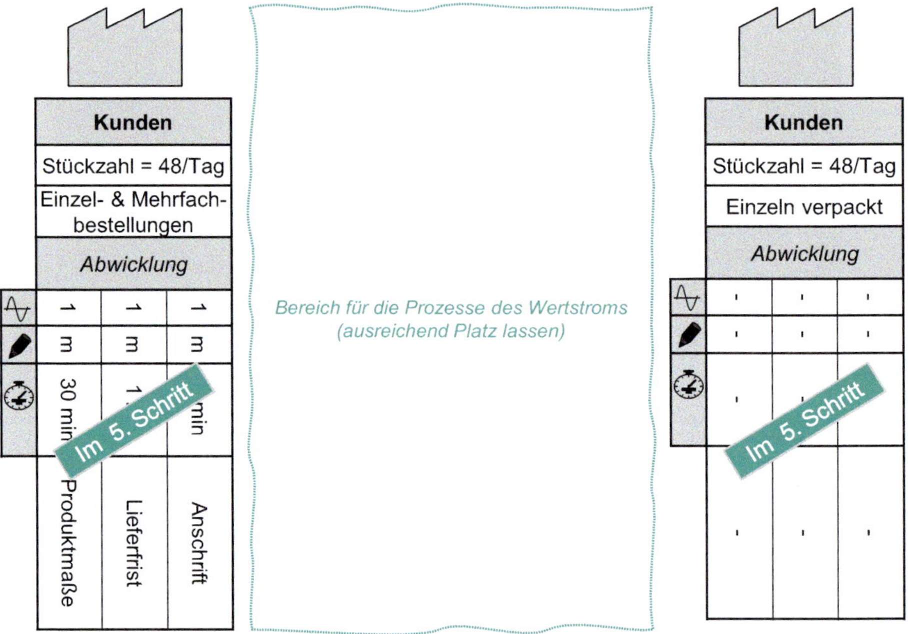

Die Methodenschritte werden im Buch anhand eines Praxisbeispiels – die Pumpen AG – bildlich dargestellt. Zur besseren Übersicht zeigen wir nur Ausschnitte aus dem Wertstrom der Pumpen AG, passend zu den einzelnen Methodenschritten. Am Ende der beiden Abschnitte (Wertstromanalyse und Wertstromanalyse 4.0) wird die gesamte Wertstromkarte der Pumpen AG dargestellt.

3.1.2.2 Schritt 2: Einzelne Prozesse analysieren

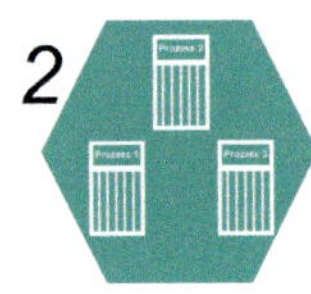

Der Auftragsabwicklungsprozess besteht sowohl im indirekten als auch im direkten Bereich aus einer Anzahl von Prozessschritten, die zu Teilprozessen zusammengefasst werden können. Diese Teilprozesse werden mithilfe von Prozessboxen dargestellt. Vor der Durchführung der Wertstromanalyse ist der geeignete Detaillierungsgrad der Darstellung mit dem Wertstromteam festzulegen. In der Regel empfiehlt es sich, aufgabenorientiert vorzugehen: Prozessboxen sollten so geschnürt werden, dass sie eine klar umrissene Aufgabe erfüllen und ein qualitativ definiertes Ergebnis abliefern. Dies kann in der Auftragsklärung die Anforderungsliste sein, in der Anpassungsentwicklung das Produktdesign und in der Endmontage das getestete, lieferfähige Produkt. Anhand der Ergebnisse dieser Teilprozesse kann beurteilt werden, ob auf dieser Betrachtungsebene die geplanten Projektziele erreicht werden können. So kann es zunächst sinnvoll sein, eine komplette Abteilung in einer Prozessbox zusammenzufassen, obwohl diese mehrere

Teilprozesse beinhaltet. In einem Folgeprojekt kann diese „Abteilungs-Prozessbox“ im Detail analysiert werden, um die Material- und Informationsflüsse genauer zu verstehen und als eigener Wertstrom mit mehreren einzelnen Prozessboxen dargestellt und analysiert werden.

Neu bei der WSA4.0 ist die Darstellungsweise der Prozess- und Logistikboxen. Die Datenfelder sind um 90° gedreht und beinhalten mehr Details eines Prozessschritts oder einer Logistikbox selbst. Die neue Darstellungsweise wird auf den nächsten beiden Seiten näher beschrieben.

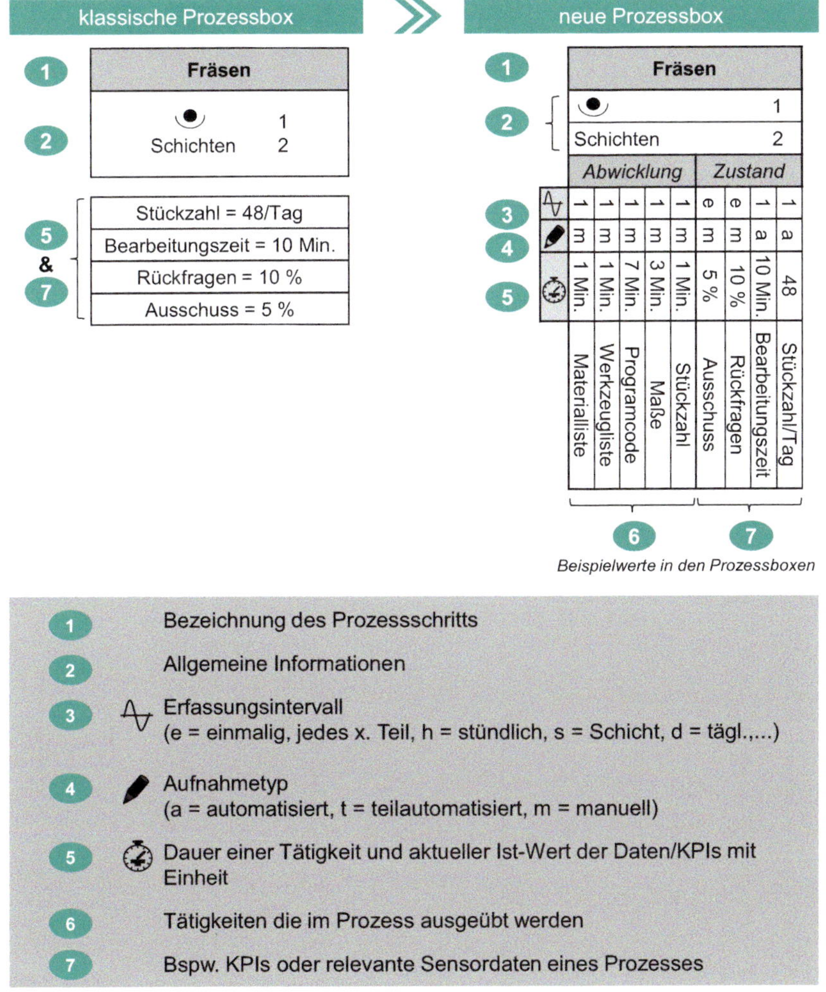

Später – im 5. Methodenschritt – werden wir zeigen, wie die Informationsflüsse aus den Prozessboxen mit Informationsquellen und -senken zu verbinden sind. Zunächst liegt der Fokus jedoch auf der Analyse der Materialflüsse und den zugehörigen klassischen Verschwendungsarten. Zu den informationslogistischen Verschwendungen kommen wir später.

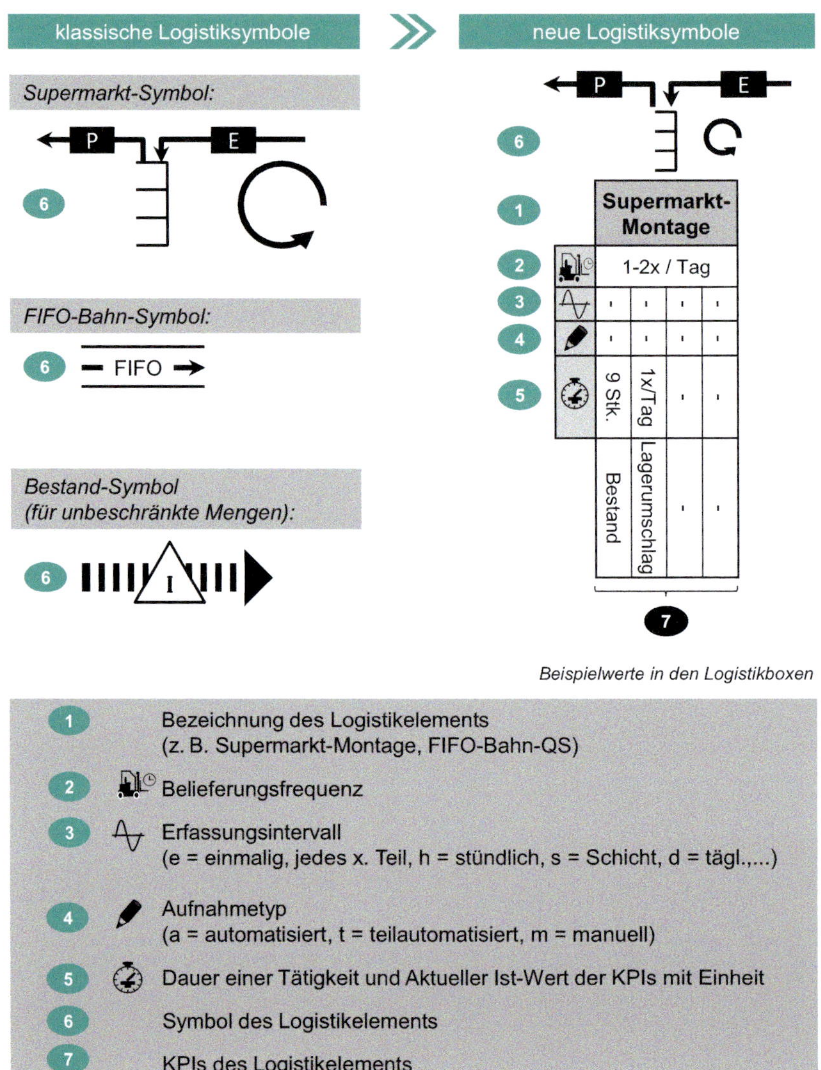

Quelle: Meudt (2020)

Vorgehen:

Für jeden Prozess wird eine Prozessbox in der WSA4.0-Notation eingezeichnet, mit den logistischen Elementen verbunden und Informationsflusspfeile zur Steuerung eingetragen (s. u.).

Externe Material- und Informationsflüsse

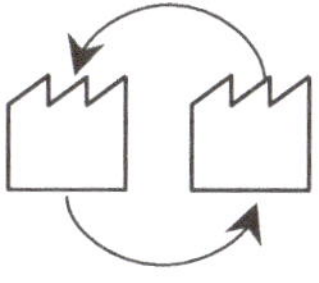

von Lieferanten und Kunden werden durch Material- und Informationsflusspfeile eingezeichnet. Die Art der Informationsflusspfeile zeigt an, ob es sich um eine analoge oder digitale Kommunikation bei den Bestellvorgängen handelt (Produktbestellung von Kunden/Materialbestellungen bei Lieferanten). Weitere Information unterstützt das Prozessverständnis durch die Aufnahme der Transportmittel (LKW oder Luftfracht), Gebindegröße oder Häufigkeit (täglich oder monatlich). Diese Informationen werden auf der Wertstromkarte notiert.

Interne Material- und Informationsflüsse

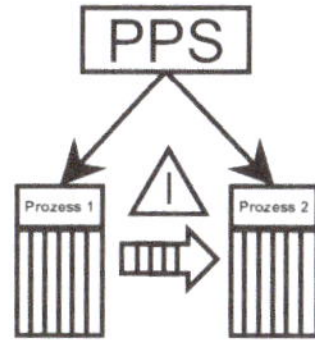

zeigen an, wie die Auftragsabwicklung aktuell gesteuert und einzelne Prozesse materiallogistisch und informationslogistisch miteinander verbunden sind. Dazu werden zum einen zentral eingesteuerte Arbeitsaufträge durch Pfeile von der Produktionsplanung und Steuerung (PPS) zu den jeweiligen Prozessboxen gekennzeichnet. Zum anderen werden auf der Wertstromkarte Prozesse mit Logistikelementen (FIFO-Bahnen, Supermärkte oder Bestände) verbunden und Informationen zur Häufigkeit der Planung ergänzt.

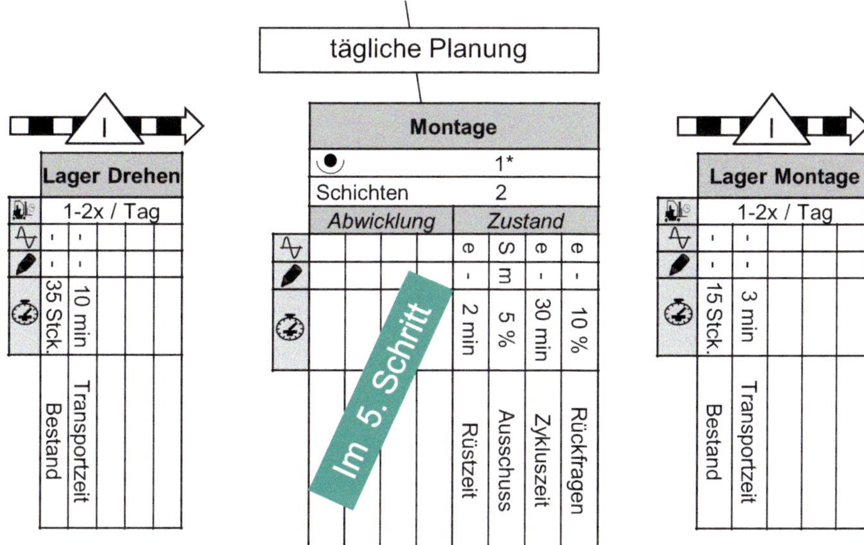

Bestände

werden zwischen zwei Prozessen gezählt. Dazu ist der aktuelle Bestand von unbearbeiteten Aufträgen/Material zu zählen und in der Logistik-Prozessbox zu notieren. Oftmals gibt es nicht nur einen Lagerort für Bestände zwischen zwei Prozessen. Es ist zu fragen, woher das Personal Aufträge oder Produkte holt oder gebracht bekommt, um letztlich alle Bestände zu addieren. Befinden sich mehrere begonnene, aber nicht abgeschlossene Aufträge am/im Prozess, so wird dies als Bestand gezählt und als Kaizen vermerkt. Gründe dafür liegen bspw. in Fehlteilen oder zu klärenden Informationen.

Prozessdaten sammeln

Zur detaillierten Beschreibung der Prozesse sind KPIs vor Ort aufzunehmen. Es ist wichtig diese Werte eigenständig zu zählen oder zu messen, denn bei der Aufnahme selbst fallen oftmals weitere Verschwendungen in den Arbeitsabläufen auf. Die aktuell gemessenen KPI-Werte werden in der jeweiligen Prozessbox auf der Wertstromkarte notiert. Es wird empfohlen, die KPI-Werte aus IT-Systemen auf Plausibilität und Korrektheit zu überprüfen, dies gilt auch für Bestände. Eine Auswahl an KPIs, die bei einer Wertstromanalyse verwendet werden können ist in Kapitel 2 aufgeführt.

3.1.2.3 Schritt 3: Durchlaufzeit berechnen

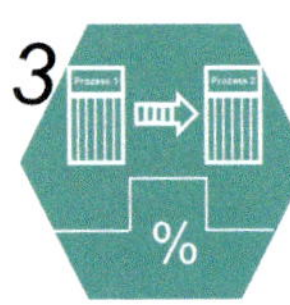

Die wichtigsten Kenngrößen für die Leistungsfähigkeit eines Wertstroms sind die Durchlaufzeit des Materials als Maß für die Flexibilität der Produktion sowie die Auftragsdurchlaufzeit als Maß für die Reaktionsfähigkeit. Im Rahmen der kundenindividuellen Auftragsproduktion sollte ein Wertstrom beides zugleich sein: Flexibel in der Reaktion auf den individuellen Kundenwunsch und reaktionsschnell in der Abwicklung des Kundenauftrags. Mit hohen Beständen an Fertigwaren kann zwar eine kurze Reaktionszeit auf einen Kundenauftrag erreicht werden, aber um den Preis einer langen Durchlaufzeit und einer niedrigen Flexibilität hinsichtlich individueller Kundenwünsche.

Berechnung der Durchlaufzeit des Materials:

Die Durchlaufzeit des Materials ist die wichtigste Kenngröße der klassischen WSA. Ihre relativ einfache Berechnung basiert auf folgender, vereinfachender Annahme: Tritt ein neues Material in den Wertstrom ein, wird es diese erst dann wieder in Richtung des Kunden verlassen, nachdem alle vor ihm liegenden Teile dieser Materialgruppe den Wertstrom verlassen haben. Dieser Zeitpunkt ist durchschnittlich dann erreicht, wenn der gesamte Bestand dieser Materialgruppe im Kundentakt durch den Wertstrom bewegt wurde. Daher wird für die Ermittlung der Durchlaufzeit der im Rahmen der WSA ermittelte Gesamtbestand eines Materials mit dem Kundentakt für dieses Material multipliziert.

$$Durchlaufzeit\ Material = Kundentakt * \sum Bestände$$

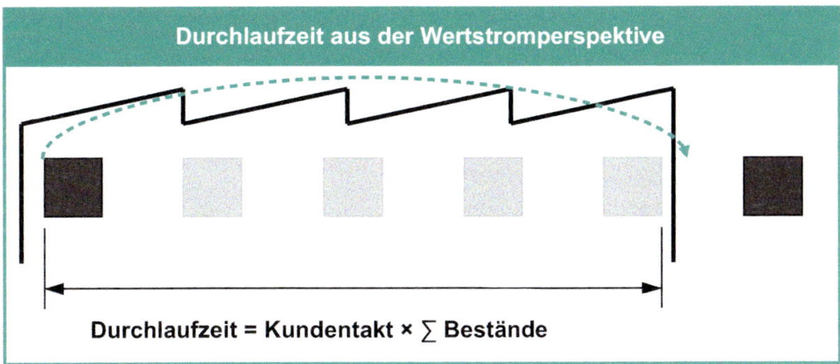

Berechnung des Wertschöpfungszeitanteils

Der Wertschöpfungszeitanteil gibt an, welcher Anteil der gesamten Durchlaufzeit tatsächlich wertschöpfend ist, d.h. das Produkt im Sinne des Kunden an Wert gewinnt. Dazu werden die gesamten Bearbeitungszeiten durch die gesamte Durchlaufzeit geteilt und als Prozentwert ausgegeben. In der Regel sind diese Werte unterhalb von null Prozent und können motivierend sein für ein besseres Wertstromdesign.

$$Wertschöpfungszeitanteil = \frac{Summe^{\circ} Bearbeitungszeiten}{Durchlaufzeit\ Material}$$

Berechnung der Auftragsdurchlaufzeit

Wir erweitern nun die Betrachtungsperspektive auf die Zeit, welche der Wertstrom benötigt, um Aufträge für die betrachtete Produktfamilie zu erfüllen. Diese Auftragsdurchlaufzeit gibt Auskunft über die vom Kunden wahrgenommene Wartezeit ab dem Bestelleingang und ist ein wichtiger Indikator für die Reaktionsfähigkeit des Wertstroms. Hierfür ist die durchschnittliche Zeit zwischen Eingang von Bestellungen bis hin zum Versandzeitpunkt der fertigen Aufträge zu bestimmen. Wir berechnen hierfür zunächst den Auftragstakt – also die Zeit, welche dem Wertstrom für die Erfüllung eines einzelnen Auftags zur Verfügung steht:

$$Auftragstakt_{ist} = \frac{Arbeitszeit\ pro\ Periode}{ø\ Anzahl\ erfüllter\ Aufträge\ pro\ Periode}$$

Mithilfe des Auftragstakts und des Bestands offener Aufträge für die betrachtete Produktfamilie ergibt sich dann die durchschnittliche Durchlaufzeit für Aufträge zu:

$$\varnothing Auftragsdurchlaufzeit = Auftragstakt_{ist} {}^{*} Auftragsbestand$$

Nun kann beurteilt werden, wie lange der Wertstrom im Durchschnitt benötigt, um einen neuen Kundenauftrag ab Bestelleingang zu erfüllen. Der Vergleich der Durchlaufzeiten von Material und Kundenaufträgen kann interessante Einsichten liefern: Ist die Durchlaufzeit des Materials deutlich größer, als die der Kundenaufträge, so wird i. d. R. aus dem Bestand von Halbzeugen und Fertigwaren geliefert. Beträgt die Materialdurchlaufzeit nur einen Bruchteil der Auftragsdurchlaufzeit, so geht viel Reaktionszeit außerhalb der Produktion verloren, bspw. in der Anpassungsentwicklung oder Produktionsvorbereitung.

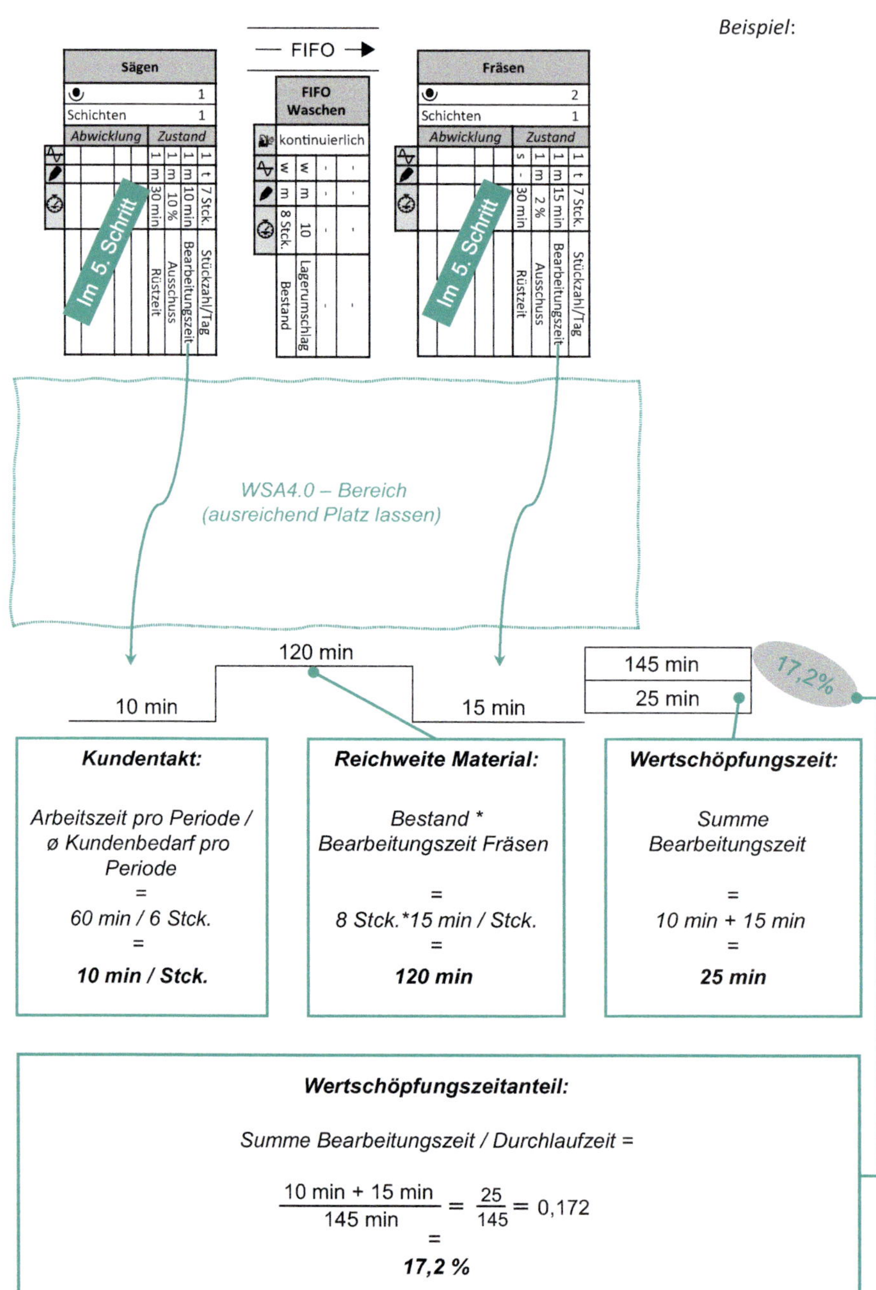

3.1.2.4 Schritt 4: Kaizen aus den klassischen Verschwendungen ableiten

Zum Abschluss der ersten Phase unseres Vorgehens bildet der Wertstrom die gesamte Auftragsabwicklung ab und die klassischen Verschwendungen können nun dokumentiert werden. Diese Erkenntnisse hinsichtlich der dargestellten 7+1 Verschwendungsarten sind in diesem Schritt auf die Wertstromkarte einzutragen.

Vorgehen:

Es gilt nun alle zum jetzigen Zeitpunkt beobachteten Verschwendungen („Kaizen") den einzelnen Prozessen zuzuordnen und zusammenzufassen. Bspw. wird ein Kaizen „lange Rüstzeiten" benannt, statt die Verschwendungen im Rüstprozess einzeln zu nennen. Somit wird eine bessere Übersicht auf der Wertstromkarte bewahrt.

Beispiel:

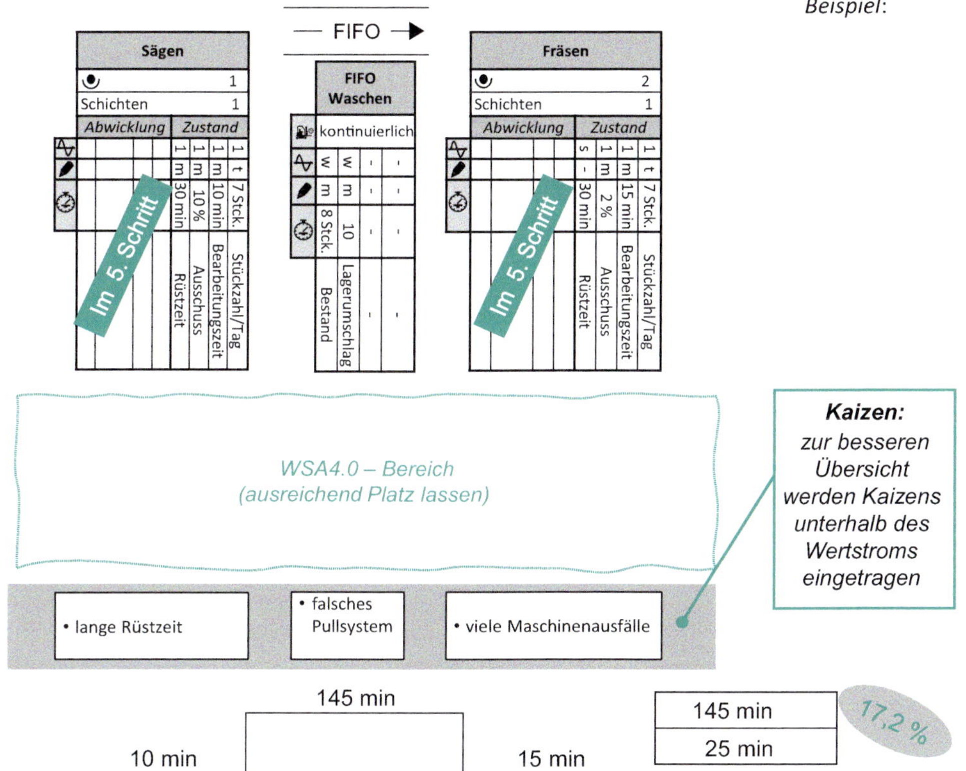

3.1.3 Praxisbeispiel – Anwendung der Wertstromanalyse

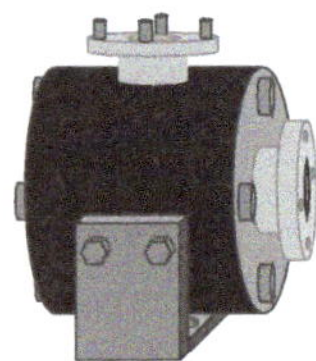

Pumpen AG fertigt Pumpen für Anlagen in der Chemie- und Lebensmittelbranche. Die Anforderungen an die Pumpleistung, chemische Beständigkeit, Hygiene, Bauraum oder Anschlussfähigkeit werden durch die Mitarbeitenden des Vertriebs mit den Kunden aufgenommen. Anschließend werden Standardkomponenten ausgewählt oder die Zeichnungen einzelner Komponenten für die Kunden angepasst. Die Pumpen AG behauptet sich durch eine hohe Qualität und Zuverlässigkeit bei der Herstellung individueller Pumpen für ihre Kunden, verlor jedoch zuletzt Marktanteile im Standardsegment. Das Management der Pumpen AG will mit dem Wertstrom 4.0-Projekt im Bereich der individuellen Pumpen einen ersten Leuchtturm-Wertstrom aufbauen und die kundenindividuelle Baugruppe „Anschlussflansch" deutlich schneller als bisher liefern. ■

Die Bestellungen der Kunden werden zur Zeit in der *Auftragsannahme* entgegengenommen und in den IT-Systemen hinterlegt. Im nächsten Schritt werden einzelne Pumpenbauteile auf die Kundenspezifikationen in der *Konstruktion* angepasst oder z. T. komplett neu konstruiert. Anschließend findet in der *CNC-Programmierung* die Anpassung oder Neuprogrammierung von NC-Codes statt. Dies stellt den letzten Teilprozess des indirekten Bereichs dar. In der Produktion findet im ersten Schritt das *Drehen* statt. Hier wird aus zugekauften Standardkomponenten ein individueller Flansch gedreht. Im Prozess *Montage* wird dieser Flansch mit dem Pumpengehäuse verschraubt. Als letzten Prozess werden die Pumpen im *Versand* fachgerecht eingepackt, etikettiert und in Versandregale für die einzelnen Logistikdienstleister gelegt. An dieser Stelle endet der betrachtete Wertstrom. Das Wertstromteam hat diesen Wertstrom detailliert analysiert und in eine Wertstromkarte eingetragen (nächste Seite und in voller Größe auf *plus.hanser-fachbuch.de*).

Identifizierte Kaizen:

- Es zeigt sich, dass die Bearbeitungszeiten der einzelnen Prozesse große Unterschiede aufzeigen.
- Der Wertstrom enthält ausschließlich unbegrenzte Bestände (kein Pull-System).
- Die chronologische Bearbeitungsreihenfolge nach Lieferdatum wird nicht eingehalten, Eilaufträge wurden mehrfach nicht erkannt, die Priorität der Aufträge ändert sich ständig.
- Ausschuss, Nacharbeit und Rückfragen konnten wertstromübergreifend festgestellt werden, dies verursacht regelmäßige Störungen im Wertstrom.

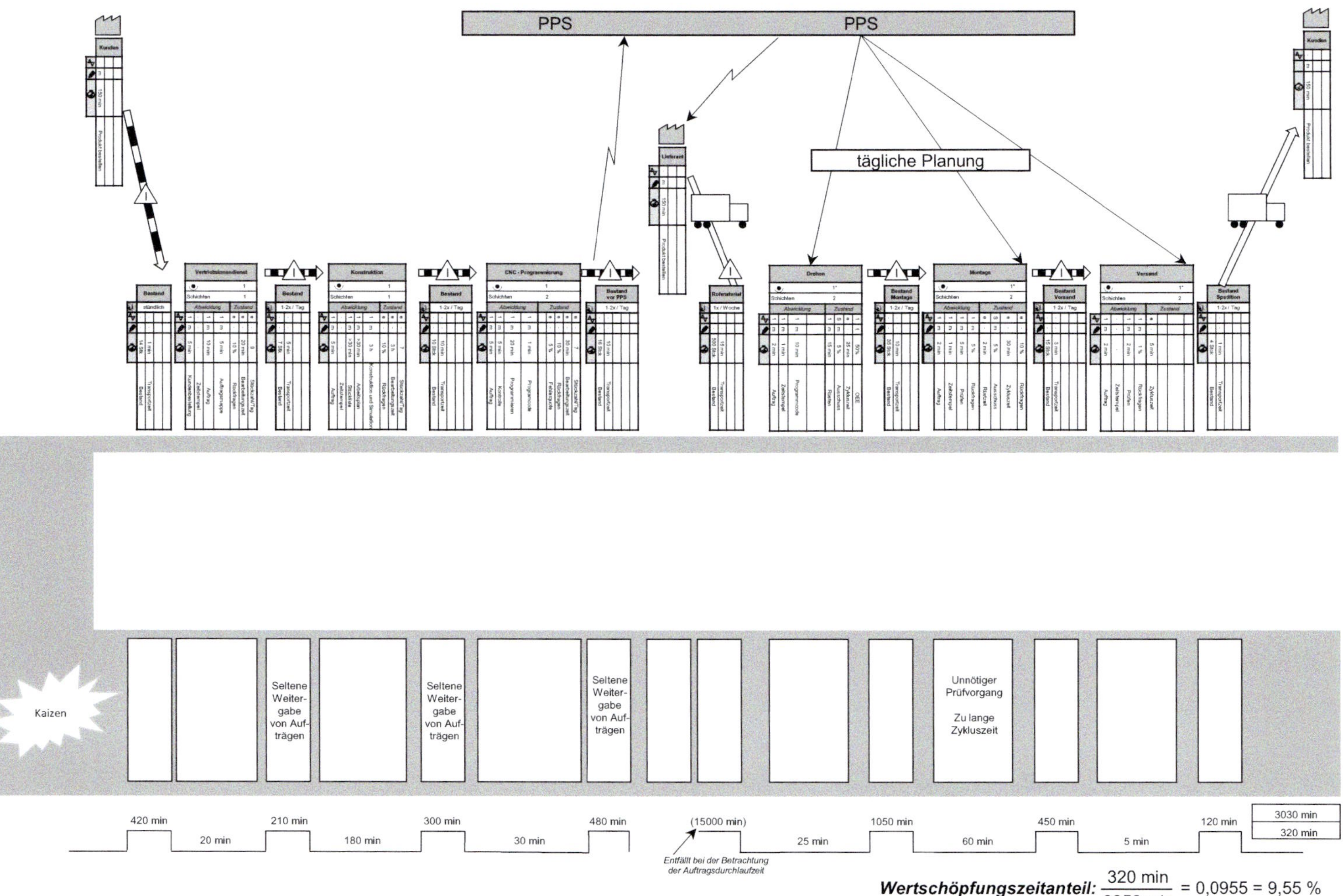

$$\textbf{\textit{Wertschöpfungszeitanteil:}}\ \frac{320\ \text{min}}{3350\ \text{min}} = 0{,}0955 = 9{,}55\ \%$$

Die Wertstromkarte 4.0 finden Sie in voller Größe auf *plus.hanser-fachbuch.de.*

3.2 Phase II: Informationslogistische Verschwendung analysieren

Wurde in der ersten Phase der Fokus auf den Materialfluss gelegt, werden nun in der zweiten Phase der Informationsfluss zwischen den Teilnehmern des Wertstroms analysiert. Hierfür werden zunächst informationslogistische Verschwendungsarten eingeführt (Abschnitt 3.2.1) und anschließend die Methodenschritte der Wertstromanalyse 4.0 erläutert (Abschnitt 3.2.2). Die Anwendung der Schritte wird anhand eines Beispiels verdeutlicht (Abschnitt 3.2.3).

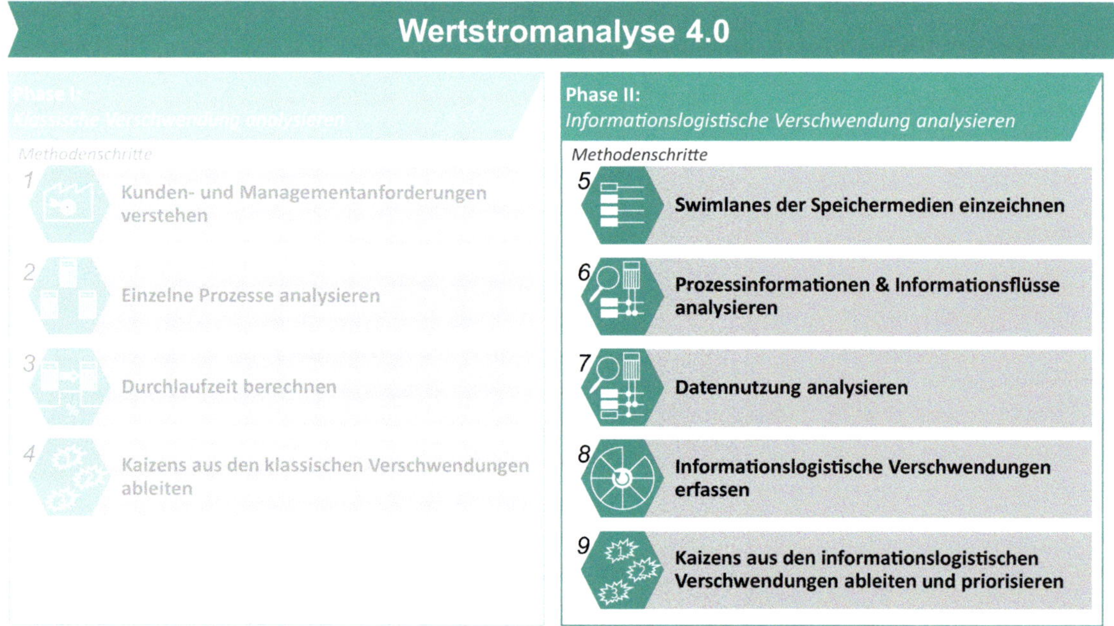

3.2.1 Die Informationslogistischen Verschwendungsarten

Unter der Informationslogistik wird die Planung, Steuerung, Durchführung und Kontrolle aller Informationsflüsse verstanden, die in einen betrachteten Prozess hineingehen (bspw. Auftragsinformation) und wieder hinausgehen (bspw. Messprotokolle), sowie die Speicherung und Aufbereitung der zugehörigen Informationen. Es werden nur die Informationsflüsse zur Informationslogistik gezählt, die der Unterstützung von Entscheidungen dienen.[4] Dementsprechend ist für jeden

[4] Vgl. Dinter und Winter (2008)

Informationsfluss ein übergeordnetes Ziel zur Nutzung von Informationen zu benennen. Es sollte jeweils gefragt werden: „Warum fließt diese Information?“ Eine Information kann für eine bestimmte Aufgabe, zur Entscheidungsunterstützung, Prozessverbesserung oder zur Ausübung selbst notwendig sein. Ist für jeden Informationsfluss ein übergeordnetes Ziel benannt, kann mit der Verschwendungsanalyse für den Informationsfluss begonnen werden. Insgesamt existieren acht aufeinander aufbauende informationslogistische Verschwendungsarten, die im Folgenden erläutert werden.[5]

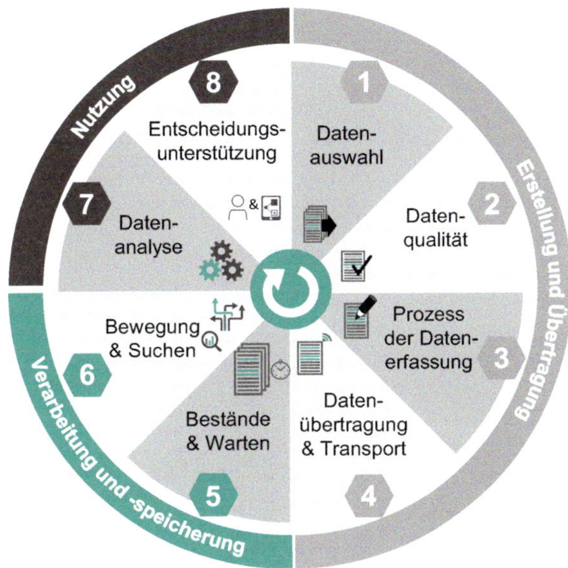

Datenauswahl

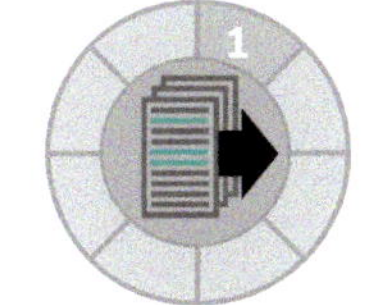

Für alle ausgewählten Daten/Tätigkeiten ist ein terminierter Zweck zu definieren. Die Erfassung oder Verarbeitung von Daten, denen keine direkte Nutzung zugeordnet ist, gilt es zu eliminieren. Hilfreiche Fragen:

- Ist klar definiert, wofür die Daten genutzt werden (Kundensicht)?
- Ist eine Speicherdauer für die Daten definiert?

Praxisbeispiele

Relevante Daten werden nicht erfasst (KPIs für die morgendliche Abweichungsbesprechung), Erfassung von nicht benötigten Daten etc.

[5] Vgl. Meudt, Leipoldt und Metternich (2016); Meudt, Metternich und Abele (2017)

Datenqualität

Definieren Sie für die Datenqualität einen quantifizier- und reproduzierbaren Standard. Hilfreiche Fragen:

- Passen Häufigkeit und Detaillierungsgrad der Daten zur Nutzung?
- Lassen sich Daten einander zuordnen?

Praxisbeispiele

Fehleingaben oder Messfehler, Daten werden auf einem zu hohen Aggregationsgrad gesammelt (i. O. oder n. i. O.), Daten aus verschiedenen Quellen können nicht verknüpft werden, Sammeln redundanter Daten etc.

Prozess der Datenerfassung

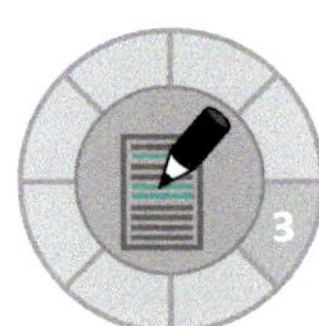

Zur Datenerfassung ist ein möglichst einfacher, standardisierter, automatisierter und fehlerfreier Prozess zu gestalten. Hilfreiche Fragen:

- Ist die Datenerfassung in Bezug auf Kosten und Nutzen angemessen?
- Ist eine regelmäßige Datenerfassung automatisiert?

Praxisbeispiele

Daten werden auf Papier erfasst und müssen nachträglich in Computersysteme übertragen werden.

Datenübertragung & -transport

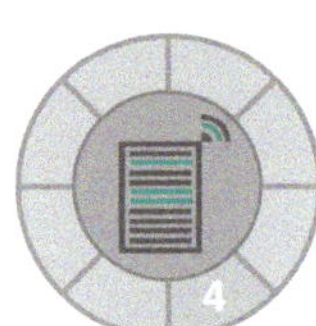

Die Anzahl der eingesetzten Speichermedien/Medienbrüche ist zu reduzieren, der Fokus liegt auf der Durchgängigkeit. Hilfreiche Fragen:

- Wohin, wie und womit werden Daten übertragen?
- Wo werden Daten abgelegt (Zugangskontrolle vorhanden?)?

Praxisbeispiele

Kein Datenzugriff durch lokale Datensilos oder Speicherung von Daten auf Papier (fehlende Transparenz), Fehler in der Datenübertragung (bspw. durch Schnittstellen), Datenverlust bei der Datenweitergabe, Verzögerungen durch langen Transport etc.

Wartezeit und Bestände

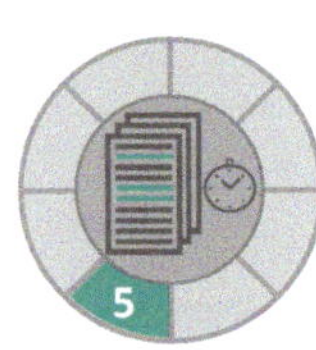

Benötigte Daten sind vor Prozessstart bereitzustellen und direkt zu verarbeiten. Hilfreiche Fragen:

- Sind Daten genau zum richtigen Zeitpunkt verfügbar?
- Gibt es Wartezeiten (Mensch/Maschine) wegen fehlender Daten?

Praxisbeispiele

Wartezeiten im Messraum oder von Testständen. Testergebnisse oder Messprotokolle werden verzögert weitergegeben. Eine zu hohe Datenflut erschwert das Auffinden die Priorisierung des nächsten Arbeitsschritts/Auftrags. Nicht benötigte Informationen binden Speicherplatz.

Bewegung und Suchen

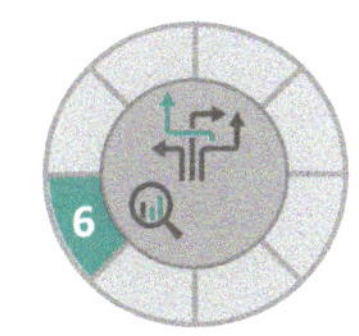

Die Suche nach Information ist Verschwendung. Idealerweise läuft die Bereitstellung der jeweils als nächstes benötigten Information einfach/automatisiert ab. Hilfreiche Fragen:

- Finden Personen ohne Suchaufwand die benötigten Daten?
- Wie kann mit dem Material/Auftrag automatisch die notwendige Information bereitgestellt werden?

Praxisbeispiele

Mitarbeiter müssen ihre Arbeitsplätze verlassen, um sich Auftragsunterlagen zu besorgen. Messergebnisse werden nicht zeitnah zurückgemeldet und müssen abgeholt werden.

Datenanalyse

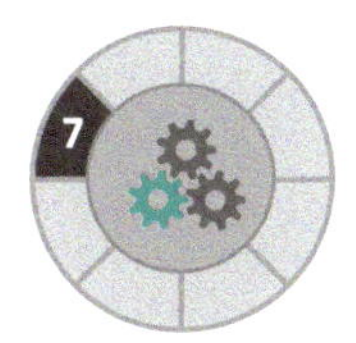

Alle Daten sind zweckgerichtet zu analysieren, zu nutzen und aufzubereiten. Hilfreiche Fragen:

- Werden Daten für Analysen verwendet und wann zuletzt?
- Werden angemessene Methoden genutzt?
- Werden analysierte Daten genutzt und ist ein Mehrwert gegeben?

Praxisbeispiele

Ergebnisse aus Messräumen und Prüfständen werden nicht für eine teileübergreifende, langfristige Analyse der Qualitätssituation genutzt. Keine Nutzung einfacher statistischer Methoden bspw. Trendermittlung.

Entscheidungsunterstützung

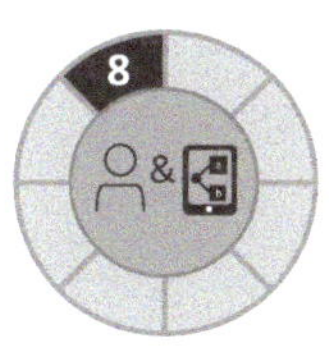

Daten sind nutzerbezogen in einem adäquaten Format und Medium breitzustellen. Die Rolle des Menschen im Entscheidungsprozess ist zu definieren. Hilfreiche Fragen:

- Sind die Daten anwendungsgerecht aufbereitet/visualisiert?
- Kann das Team die Information nutzen, um die eigenen Prozesse zu steuern bzw. zu verbessern?

Praxisbeispiele

Die gewählten Diagrammtypen sind nicht zur Visualisierung eines Sachverhaltes geeignet (bspw. keine Trends oder Zielrichtungen). Information wird für das Management dargestellt, nicht für das Team zur Entscheidungsfindung. Es existieren keine Abläufe (bspw. PDCA), die zur systematischen Nutzung von Information führen.

3.2.2 Die Wertstromanalyse 4.0

Die Wertstromkarte, welche als Ergebnis der bisherigen Schritte eins bis vier vorliegt, bietet bereits einen sehr guten Überblick über den Auftragsdurchlauf und seine Verbesserungsmöglichkeiten. Diese dienen als Ideenspeicher für die Vorbereitung des nachfolgenden Wertstromdesigns.

Im den nun folgenden Methodenschritten fünf bis neun wird jeder Prozessschritt (also jede Prozessbox) des Wertstroms darauf untersucht, von welchen vorgelagerten Prozessschritten er welche Information erhält, wie er eine Information verarbeitet und an welche nachgelagerten Prozessschritte er die Informationen weitergibt. Gleichzeitig wird betrachtet und in der Wertstromkarte eingezeichnet, welche Medien dabei genutzt werden. Als Ergebnis dieses Vorgehens ist jede relevante Kommunikation im Wertstrom beschrieben und visualisiert. Nun gilt es, die informationslogistischen Verschwendungen der einzelnen Prozesse des Wertstroms zu benennen und abschließend die wichtigsten Verbesserungsthemen (informationslogistische Kaizen) herauszuarbeiten. Diese Kaizen sind im Rahmen des Wertstromdesigns 4.0 (Kapitel 5) zu eliminieren oder im täglichen kontinuierlichen Verbesserungsprozess zu adressieren. Die fünf Schritte der Wertstromanalyse 4.0[6] sind auf den folgenden Seiten beschrieben.

3.2.2.1 Schritt 5: Swimlanes der Speichermedien einzeichnen

In diesem Schritt wird erfasst, mit welchen Speichermedien Informationen im Wertstrom ausgetauscht werden. Unter einem Speichermedium werden alle IT-Systeme (Office-Programme, ERP-/MES-Systeme etc.) oder Papier (Auftragszettel, Etiketten, Zeichnungen etc.) sowie Personen als Träger von Informationen verstanden. In diesem Schritt ist es wichtig, eine Übersicht aller tatsächlich genutzten Speichermedien zu erlangen. Sie werden erstaunt sein, welche Vielfalt an Medien im Einzelfall vorliegt.

[6] Vgl. Meudt (2020), Meudt, Metternich, Abele (2017)

Vorgehen

Für jedes Speichermedium werden horizontale Linien, die Swimlanes, unterhalb der dargestellten Prozessboxen auf der Wertstromkarte gezogen. Analoge Speichermedien (Papier oder Mitarbeiter) sind farblich zu kennzeichnen und zu gruppieren („analog“). Befragen Sie die Personen vor Ort woher sie Informationen beziehen oder wo sie diese ablegen. Halten Sie den gesamten Arbeitsplatz im Blick und suchen Sie nach Informationen, die zur Ausführung der Tätigkeiten in einem Prozessschritt notwendig sind. Dazu zählen insbesondere Arbeitsanweisungen für unterschiedliche Tätigkeiten oder Prüfprotokolle. Stellen Sie die Frage nach den genutzten Speichermedien. Handelt es sich bspw. um Papier oder liegen Dokumente in digitaler Form vor? Überprüfen Sie danach auch, ob die festgelegten KPIs zum Prozesszustand erfasst werden und zeichnen Sie die entsprechende Verbindung zu einer Swimlane ein (sofern der KPI aufgenommen wird).

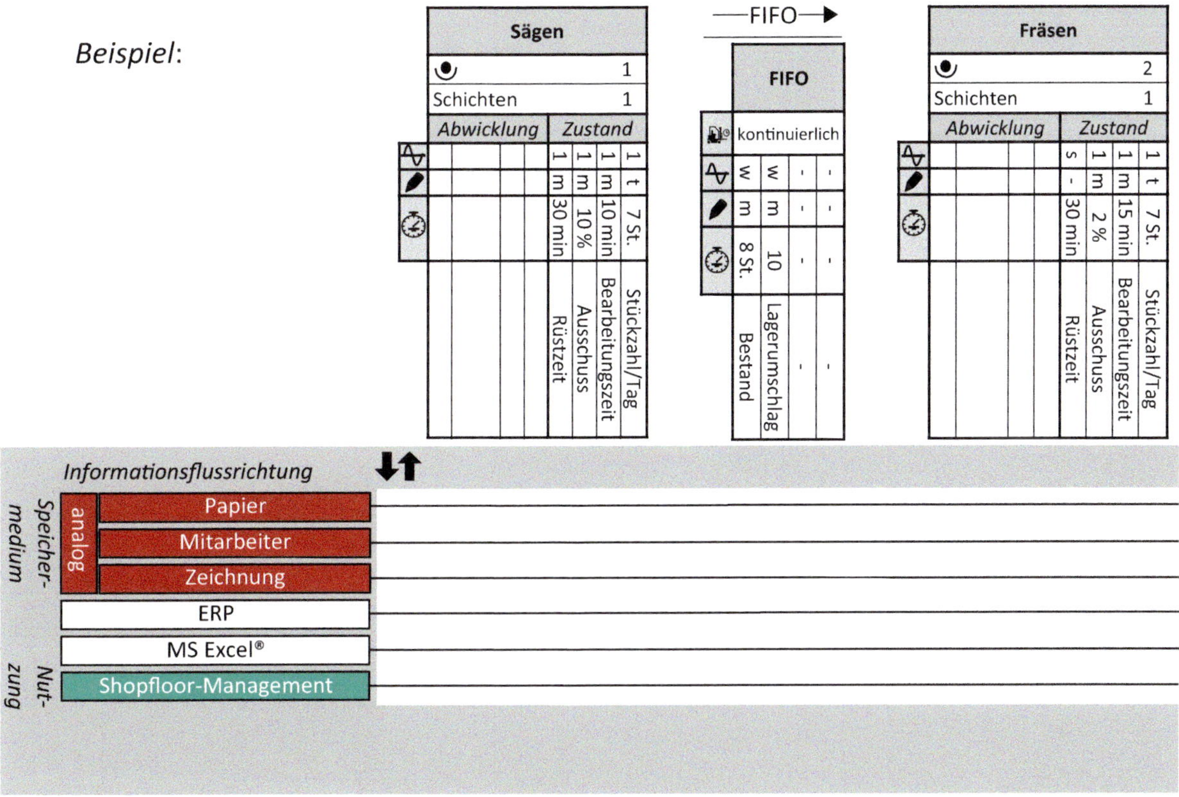

Leitfragen

- Woher bekommen Sie Informationen für Ihre Tätigkeit (Auftrag starten etc.)?
- Welche Informationen werden worauf (Speichermedium) erfasst und wie weitergeleitet?

3.2.2.2 Schritt 6: Prozessinformationen & Informationsflüsse analysieren

In diesem Schritt wird analysiert welche Speichermedien für die Tätigkeiten und KPIs der einzelnen Prozesse genutzt werden. Dazu sind vertikale Linien von einer Tätigkeit/KPIs zu der verwendeten Quelle oder Senke zu ziehen. Die Verknüpfung erfolgt mittels eines Knotenpunktes. Medienbrüche werden dadurch visualisiert (mehr als zwei Punkte auf einer vertikalen Linie).

Vorgehen-Informationsfluss

Sind zum Speichern bzw. Abruf von Daten mehrere Quellen/Senken in Gebrauch, so wird dies durch eine entsprechende Anzahl an Knotenpunkten auf der vertikalen Linie visualisiert. Wird eine KPI an einem Prozess nicht erfasst, so wird keine vertikale Linie erstellt. Abschließend ist die Informationsflussrichtung durch Pfeile in Richtung der Übertragung eingezeichnet.

Vorgehen-Detailanalyse

Anschließend sind die Details der Tätigkeiten und der Datenerfassung für die KPIs zu analysieren. Es wird die aktuelle Zeitdauer erfasst, die für die Ausübung der einzelnen Prozessschritte des Prozesses notwendig ist. Zum anderen ist die Frequenz, in der die KPI erfasst werden, zu notieren (bspw. wöchentlich (w), täglich (d), stündlich (h), pro x. Stück (x.) oder einmalige Erfassung (e)). Danach wird zu jeder Tätigkeit/KPI erfasst, wie der Datenfluss erfolgt: manuelle (m), teilautomatisierte oder automatisierte Datenverarbeitung (a).

Leitfragen

- Wie führen Sie ihre Tätigkeiten durch, und woher stammen/wohin werden Informationen geschrieben?
- Wo speichern Sie die Informationen, wie geben Sie die Daten weiter?

Beispiel:

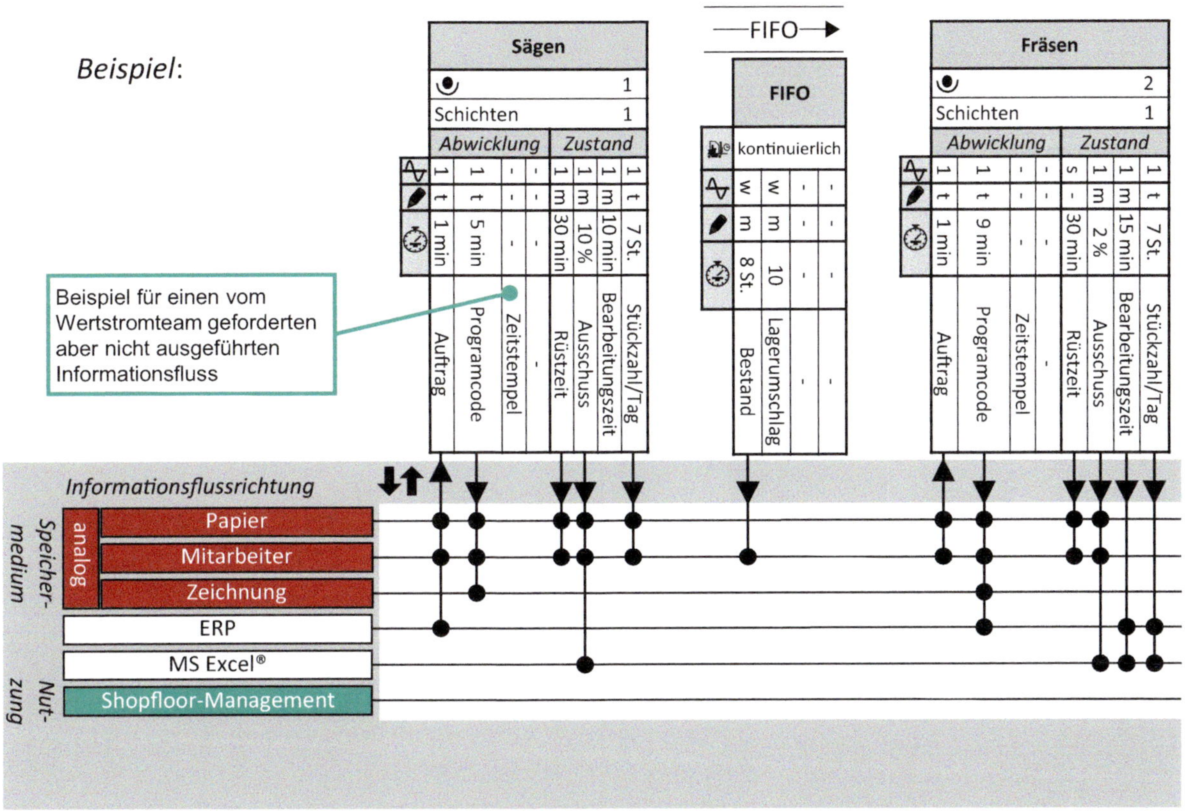

Beispiel für einen vom Wertstromteam geforderten aber nicht ausgeführten Informationsfluss

3.2.2.3 Schritt 7: Datennutzung analysieren

Es ist zu prüfen, ob Daten aus einzelnen Tätigkeiten/KPIs für Verbesserungsprozesse oder zur Dokumentation genutzt werden. Ziel des Vorgehens ist es, die Arten der Datennutzung zu erfassen und zu hinterfragen, sofern keine direkte Nutzung dieser Daten durch einen weiteren Prozess stattfindet. Weitere Beispiele für eine Datennutzung sind: Prozessregelung, Shopfloormanagement, Bauteilrückverfolgbarkeit etc. Werden aus einzelnen Tätigkeiten weitere KPIs berechnet, so ist dies durch eine separate Swimlane einzuzeichnen (Kalkulations-Swimlane). Bspw. die automatisierte Berechnung der Zykluszeit aus An- und Abmeldezeitpunkten oder die Berechnung der Kennzahl OEE.

Vorgehen

Für jede Art der Nutzung (eine Zwischenkalkulation oder eine direkte Datennutzung) wird eine eigene Swimlane auf der Wertstromkarte gezogen und vertikal mit den erfassten Daten eines Prozesses verbunden. Dies erfolgt allerdings durch gestrichelte Linien. Die Prozessverantwortlichen sind nach der Nutzung der erhobenen Daten für eigene (Verbesserungs-)Aktivitäten oder durch andere Teilprozesse zu befragen.

Leitfragen

- Wofür und wie oft werden die KPIs verwendet?
- Gibt es ein Shopfloormanagement und findet dieses regelmäßig statt?
- Werden Verbesserungsmaßnahmen auf Basis der erfassten Daten initiiert?

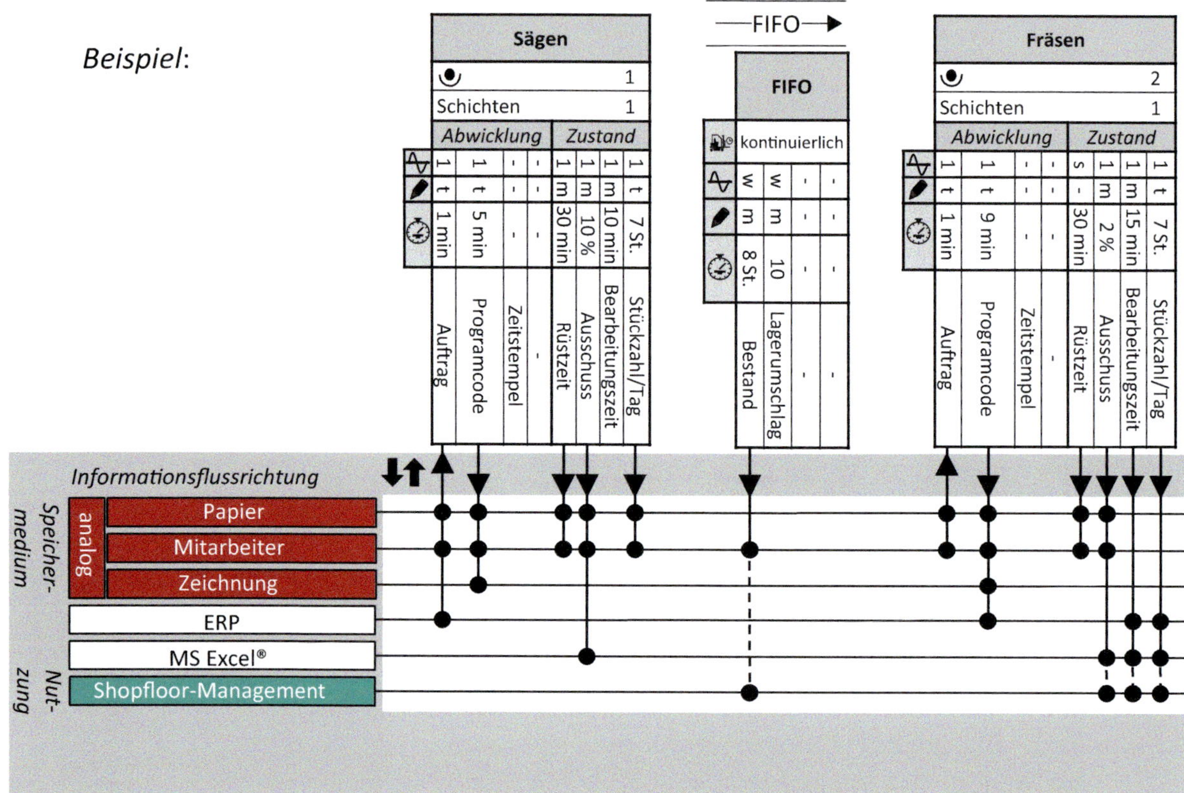

3.2.2.4 Schritt 8: Informationslogistische Verschwendungen erfassen

8

Informationslogistische Verschwendungen können in acht Kategorien auftreten (im vorherigen Abschnitt beschrieben). Es ist nicht entscheidend, jede identifizierte Verschwendung exakt einer Kategorie zuzuordnen. Vielmehr dienen die Kategorien als Hilfestellung um den Blick für Verschwendung im Umgang mit Informationen zu schärfen. Die gefundenen informationslogistischen Verschwendungen sind für alle Prozessschritte und Logistikelemente zu erfassen.

Vorgehen

Jede Aktivität bzw. jede erfasste KPI innerhalb eines Prozessschritts oder Logistikelements des Wertstroms ist auf Verschwendung im Umgang mit Informationen zu untersuchen. Die ermittelten Verschwendungen werden unterhalb der eingezeichneten Swimlanes in einem separaten Bereich für Kaizen aufgeführt. Dies wird abweichend zur klassischen WSA eingeführt, da mittels der WSA4.0 zusätzliche Verschwendungsarten identifiziert werden und das Aufführen aller Verschwendungsarten als Kaizen-Blitze innerhalb der Wertstromkarte schnell unübersichtlich wird.

Leitfragen

Die Leitfragen sind in der Beschreibung der einzelnen Verschwendungskategorien aufgeführt.

Erweiterte Wertstromkennzahlen

Zur quantitativen Beschreibung der Informationsflüsse im Wertstrom und zum späteren Vorher-Nachher Vergleich nach der Verbesserung mithilfe des Wertstromdesigns 4.0, werden drei Kennzahlen eingeführt (siehe Anhang): Digitalisierungsrate, Datenverfügbarkeit und Datennutzung. Diese können hier bereits für den Istzustand bestimmt werden.

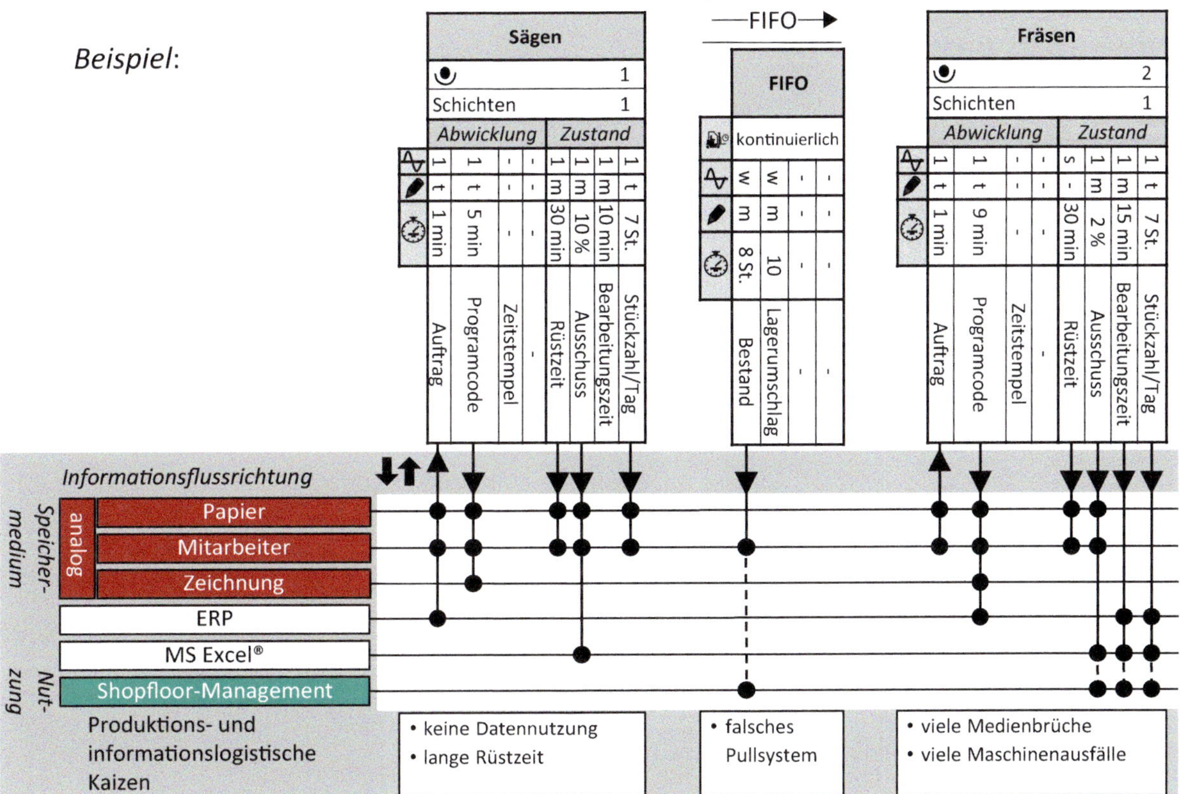

3.2.2.5 Schritt 9: Kaizens aus den informationslogistischen Verschwendungen ableiten und priorisieren

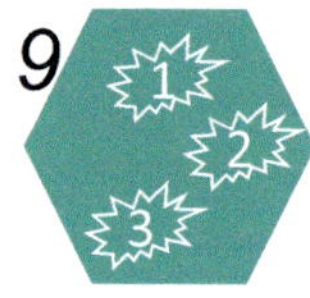

Im letzten Schritt der WSA4.0 gilt es, sowohl die identifizierten klassischen Verschwendungen als auch die informationslogistischen Verschwendungen zu speziellen Verbesserungsthemen (Kaizen-Aktivitäten) zusammenzufassen. Zur Priorisierung der Relevanz der Kaizen-Aktivitäten für einen Wertstrom kann es hilfreich sein, die einzelnen Kaizen mittels einer Nutzwertanalyse zu bewerten, statt nach Bauchgefühl. So kann der Fokus auf die Kaizen-Aktivitäten gelegt werden, welche den größten Nutzenbeitrag hinsichtlich der vom Management gesetzten Schwerpunkte haben und diese können v. a. im anschließenden WSD4.0 beseitigt werden. Somit wird auch vermieden, dass vorrangig leicht zu lösende Probleme im Rahmen von Verbesserungsprojekten zuerst bearbeitet werden.

Optional: Priorisierung der Kaizen durch eine Nutzwertanalyse

Die identifizierten Kaizen werden in einer Zeile aufgelistet (Tabellenkalkulationsprogramm empfehlenswert). Anschließend können die Zieldimensionen wie bspw. Qualität, Kosten oder Liefertreue gesammelt und mit einem Paarvergleich gewichtet werden. Die Zieldimensionen werden in die Spalten eingetragen, so dass eine Matrix entsteht. Schließlich ist zu bewerten, welchen Beitrag die Umsetzung eines Kaizen zu jeder einzelnen Zieldimension leistet (bspw.: 1 = niedriger Beitrag, 5 = höchster Beitrag). Die Multiplikation des Nutzenbeitrags eines Kaizen mit dem Gewicht der Zieldimension ergibt den gewichteten Gesamtnutzenbeitrag für diesen Kaizen. Sind die Gesamtnutzenbeiträge für alle Kaizen berechnet, kann absteigend nach ihrem Nutzwert sortiert werden. Eine grobe Einschätzung des (wirtschaftlichen) Aufwands zur Beseitigung eines Kaizen ergänzt das Vorgehen. Falls Sie kein nachfolgendes Wertstromdesign 4.0 planen, können Sie nun mit der Problemlösung für die priorisierten Kaizen starten und im Rahmen von Projektarbeit und PDCA die Probleme lösen. Es ist allerdings ratsam das WSD4.0 in Gänze durchzuführen, da nur so wertstromdurchgängig ganz neu gedacht werden kann.

Beispiel:

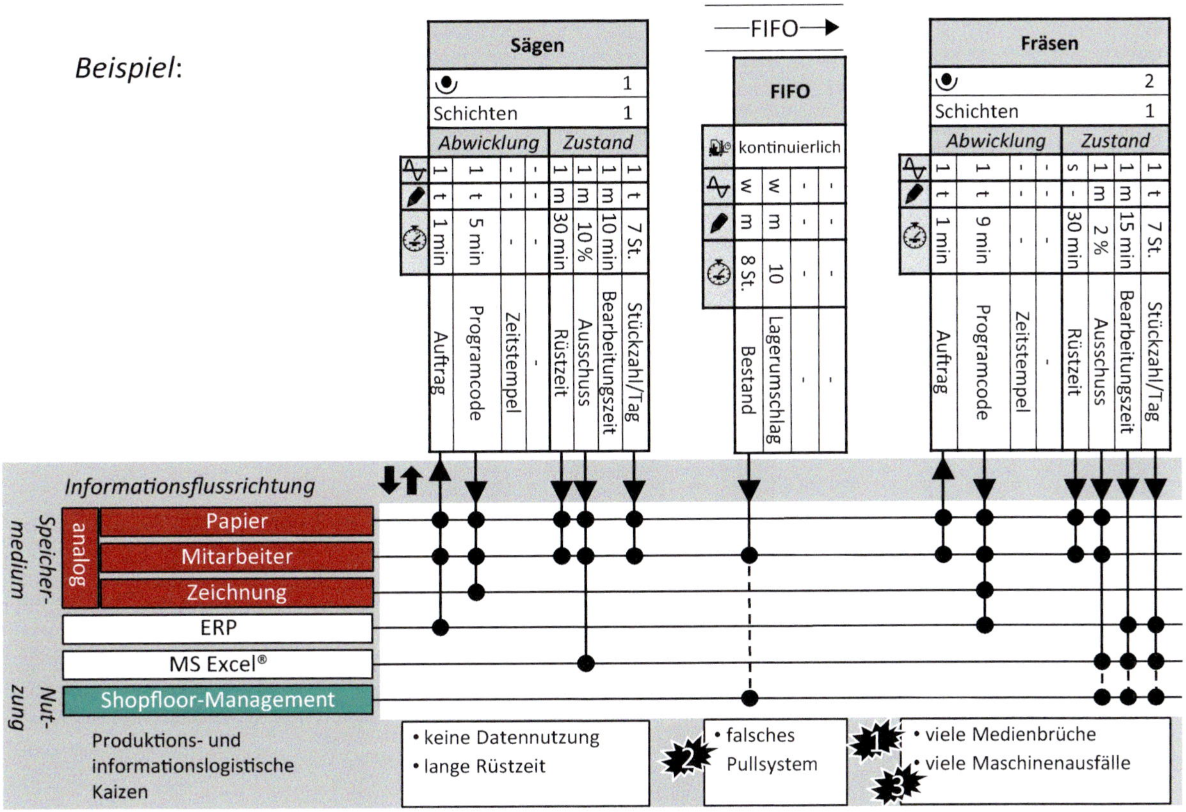

Sägen

● 1	Schichten 1						
Abwicklung				*Zustand*			
Auftrag	Programcode	Zeitstempel	-	Rüstzeit	Ausschuss	Bearbeitungszeit	Stückzahl/Tag
1	1	-	-	1	1	1	1
t	t	-	-	m	m	m	t
1 min	5 min	-	-	30 min	10 %	10 min	7 St.

—FIFO→

FIFO

kontinuierlich			
Bestand	Lagerumschlag	-	-
w	w	-	-
m	m	-	-
8 St.	10	-	-

Fräsen

● 2	Schichten 1						
Abwicklung				*Zustand*			
Auftrag	Programcode	Zeitstempel	-	Rüstzeit	Ausschuss	Bearbeitungszeit	Stückzahl/Tag
1	1	-	-	s	1	1	1
t	t	-	-	-	m	m	t
1 min	9 min	-	-	30 min	2 %	15 min	7 St.

Informationsflussrichtung

Speicher-medium: analog: Papier, Mitarbeiter, Zeichnung; ERP; MS Excel®; Shopfloor-Management

Nutzung

Produktions- und informationslogistische Kaizen

- keine Datennutzung
- lange Rüstzeit

2 • falsches Pullsystem

1 • viele Medienbrüche

3 • viele Maschinenausfälle

3.2.3 Praxisbeispiel – Anwendung der Wertstromanalyse 4.0

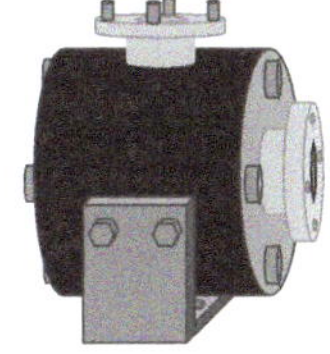

Die Pumpen AG fertigt die Anschlussflansche auf kundenspezifische Maße. Diese Maßinformationen werden aus unterschiedlichen Quellen, den so genannten Speichermedien, zur Pumpen AG übertragen. In der Auftragsannahme sind die einzelnen Kundenaufträge anzulegen. Dazu werden mehrfach am Tag das FAX-Gerät, Briefe und E-Mails kontrolliert, sowie telefonische Bestellungen entgegengenommen. Bei den ersten drei Speichermedien erstellen die Kunden ihre Bestellinformationen selbstständig. Es zeigt sich, dass diese Informationen teilweise unvollständig sind und die Mitarbeitenden in der *Auftragsannahme* fehlende Informationen nachfragen müssen. Dies führt zu einem erheblichen Mehraufwand, kostet damit zusätzliche Durchlaufzeit und verursacht zusätzliche Anfragen, v. a. wenn ein Kunde nicht direkt erreicht werden kann. Im folgenden Prozessschritt *Konstruktion* werden mehrere Speichermedien beansprucht, um die Aufgabe der Anpassungsentwicklung durchzuführen. Auffällig an diesem Prozess sind die Vielzahl an Medienbrüchen zwischen den Systemen und die hauptsächlich manuell ausgeübten Tätigkeiten. In der *CNC-Programmierung* werden die Maschinencodes auf individuelle

Kundenbedürfnisse hin erstellt. Dieser Prozess ist trotz IT-Einsatz von vielen manuellen Tätigkeiten geprägt und weist mehrere Medienbrüche auf. Bspw. werden Informationen mittels eines USB-Sticks zur Maschine getragen und dann übertragen. Die im indirekten Bereich erzeugte Information zu Abweichungen oder fehlerhaften Aktivitäten werden nicht für die systematische Verbesserung der Abläufe (bspw. im Rahmen von Shopfloormanagement) genutzt. ■

Im direkten Bereich werden beim *Drehen* und in der *Montage* KPIs erfasst und im Shopfloormanagement besprochen. Es zeigt sich, dass nicht alle gewünschten KPIs erfasst und besprochen werden. Beide Prozesse nutzen eine Vielzahl an analogen Informationen. Der letzte Prozess des betrachteten Wertstroms ist der *Versand.* In diesem Prozess werden keine KPIs erfasst und somit auch keine genutzt. Es zeigt sich, dass die Mitarbeitenden nach Kontrolle aller Unterlagen die Versandetiketten nicht selbstständig aus dem ERP-System erstellen können. Sie übertragen hierfür händisch die verfügbaren Informationen auf ein Kundenkonto der jeweiligen Versanddienstleister. Dies stellt einen erheblichen Aufwand mit Fehlermöglichkeiten dar. Die detaillierte Analyse des Wertstroms der Pumpen AG wurde in eine Wertstromkarte 4.0 eingetragen (nächste Seite und in voller Größe auf *plus.hanser-fachbuch.de*).

Weitere identifizierte Kaizen:

- Informationen werden hauptsächlich auf analogen Speichermedien transportiert, wodurch viel Durchlaufzeit gebunden wird.
- In der Konstruktion und CNC-Programmierung sind repetitive Aufgaben vorhanden, die sich in Art und Umfang stark ähneln.

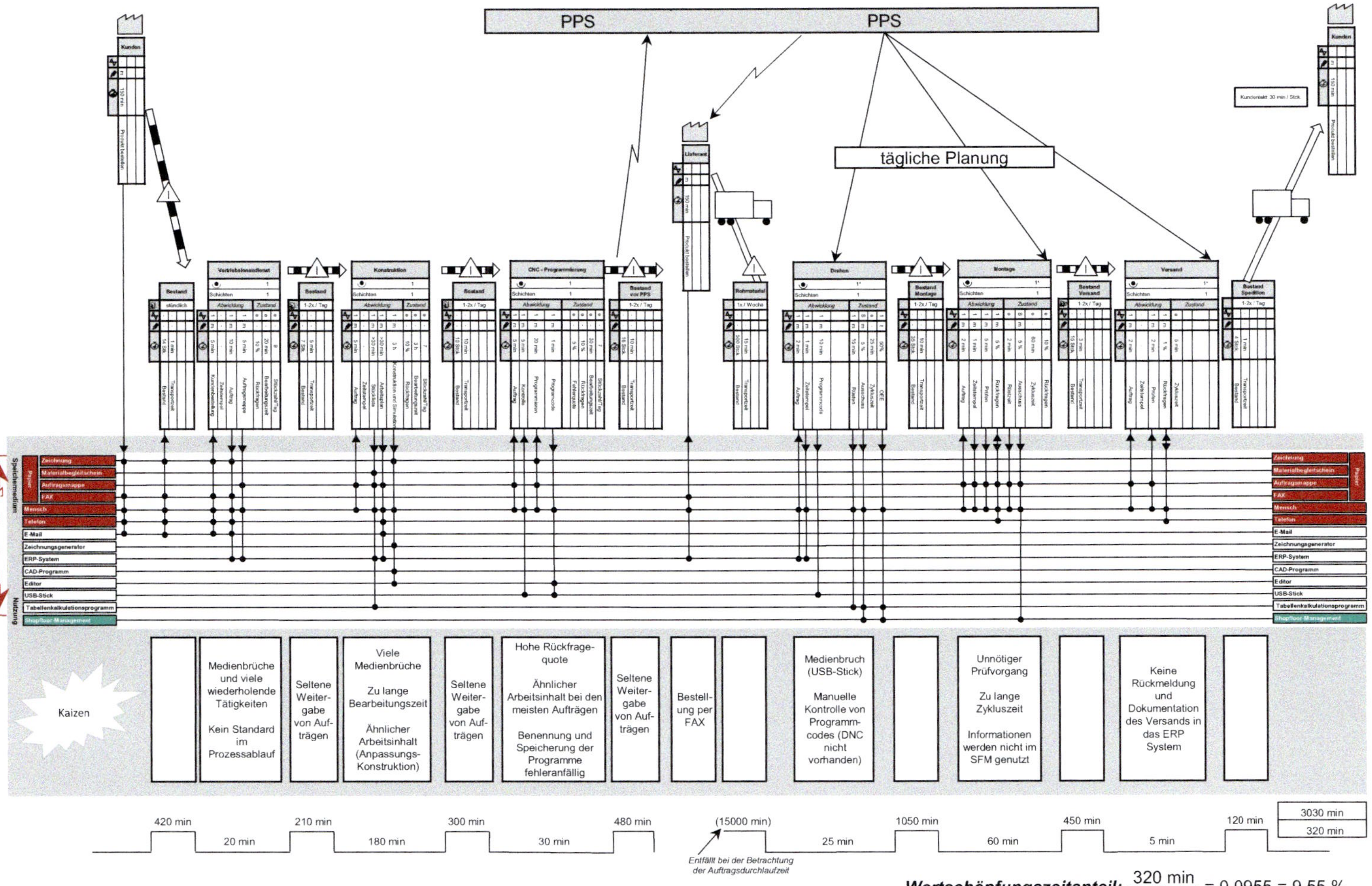

Die Wertstromkarte 4.0 finden Sie in voller Größe auf *plus.hanser-fachbuch.de.*

3.3 Was wurde mit der Wertstromanalyse 4.0 erreicht?

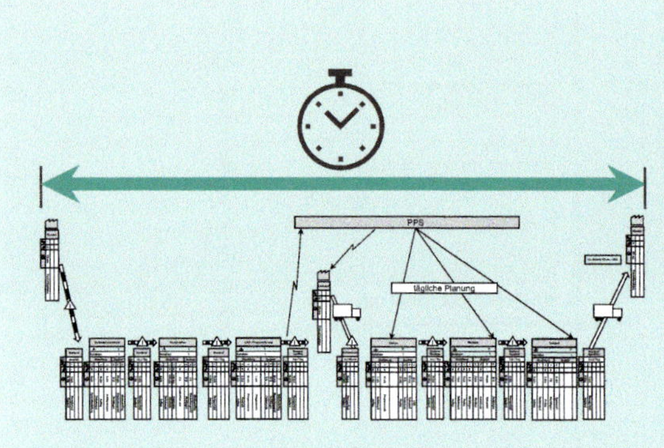

Die gesamte Auftragsabwicklung im Blick

Mit der Wertstromanalyse 4.0 wird der ganze Auftragsabwicklungsprozess analysiert und die Durchlaufzeit des Materials sowie die Reaktionszeit ermittelt. Die Reaktionszeit ist die – vom Kunden wahrgenommene – Zeitspanne von der Bestellung hin zum versendeten Produkt.

Transparenz über Takt zeigt Engpass

Mit der Wertstromanalyse 4.0 können weiterhin die klassischen Verschwendungen eines Wertstroms ermittelt werden. Bspw. kann in einem Balkendiagramm die Zykluszeit und Taktzeit eingetragen werden. Dies hilft zu sehen, wo Engpässe liegen.

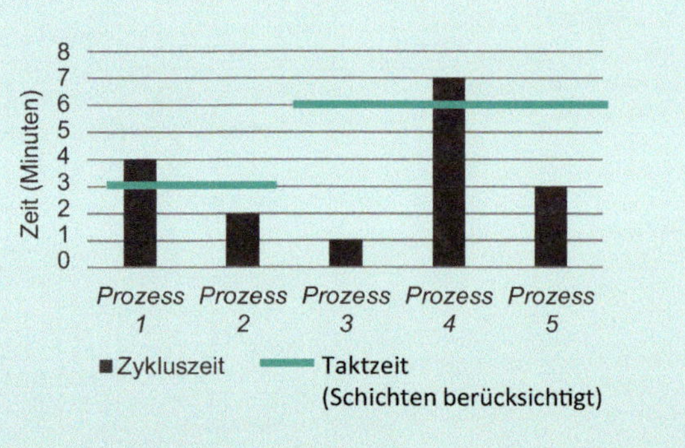

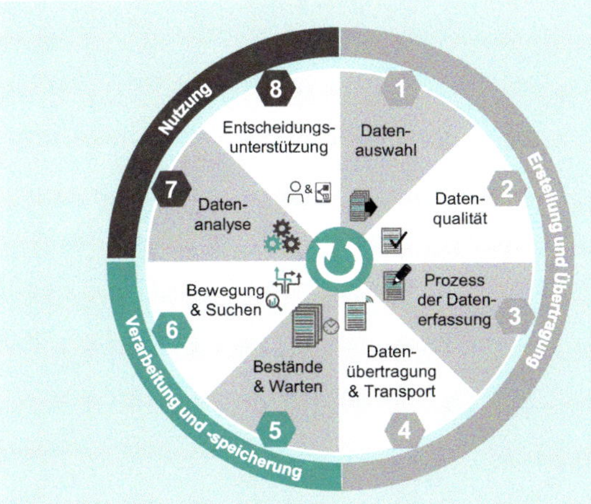

Informationslogistik analysiert

Mit dem nutzungsorientierten Ansatz wird es möglich, Verschwendungen in der Verarbeitung von Informationen zu erkennen. Dieser Ansatz umfasst den gesamten Prozess der Erstellung, Übertragung, Verarbeitung, Speicherung und Nutzung.

Informationslogistische und klassische Kaizens in einer Darstellung erkannt

Die Wertstromanalyse 4.0 ermöglicht es, sowohl Verschwendung im Umgang mit Informationen als auch die klassischen 7+1 Verschwendungen zu analysieren und als Kaizen-Blitze darzustellen. Somit wird eine Grundlage für eine Verbesserung durch Lean und/oder Digitalisierung geschaffen.

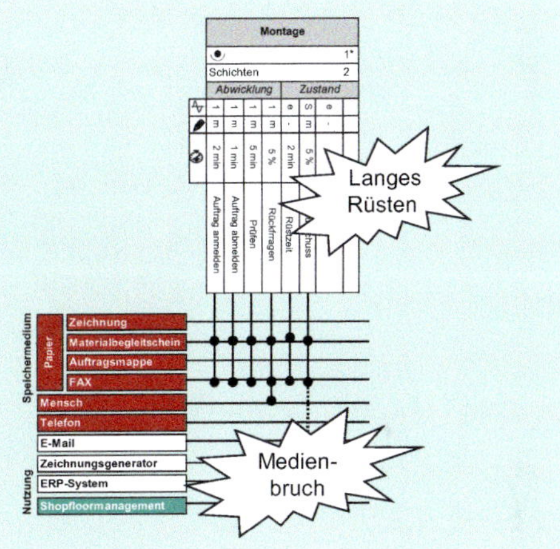

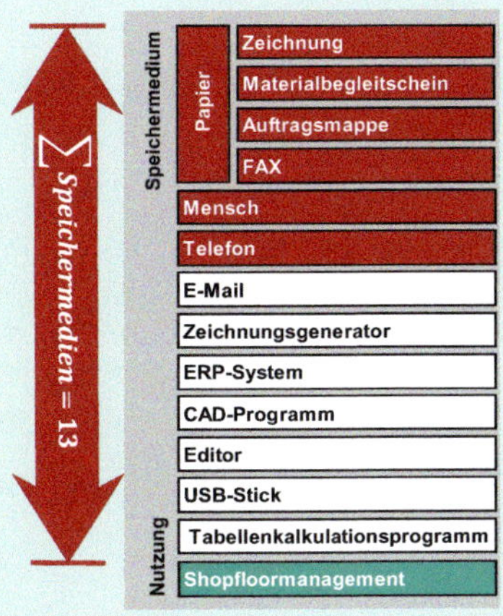

Gesamtüberblick der genutzten Medien

Alle genutzten Speichermedien wurden auf der Wertstromkarte 4.0 eingetragen. Die Anzahl gibt einen ersten Eindruck für die Komplexität der Kommunikation im Wertstrom. Daneben können redundante Speichermedien herausgearbeitet werden.

Schnittstellen übersichtlich dargestellt

Einer effizienten Verarbeitung von Informationen stehen inkompatible Schnittstellen entgegen. Schnittstellen zu papierbasierten oder analogen Medien können direkt erkannt werden. Probleme mit digitalen Schnittstellen sind vor Ort zu erfragen.

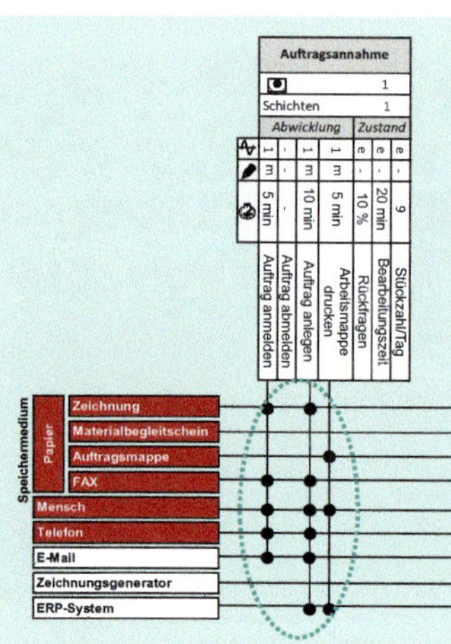

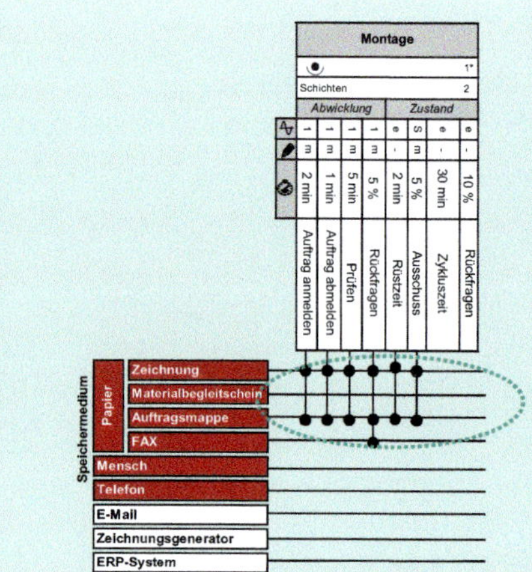

Digitalisierungspools aufgedeckt

Auf der Wertstromkarte 4.0 können Potentiale für eine durchgängige Digitalisierung direkt abgelesen werden. Es ist ersichtlich, wenn Prozesse hauptsächlich über digitale oder analoge Medien kommunizieren. Führende Medien können erkannt und vereinheitlicht werden.

Automatisierung in der Informationsverarbeitung dargestellt

Mit den neuen Prozessboxen wird die Verfügbarkeit von Informationen genau dargestellt. Es ist ersichtlich, ob eine Verarbeitung von Informationen automatisiert (a), teilautomatisiert (t) oder mit manueller Interaktion (m) durchgeführt wird. Die notwendige Zeit zur Durchführung eines manuellen Prozessschritts ist ein erstes Indiz, ob eine Automatisierung wirtschaftlich sein kann.

Drehen — 1 — Schichten 2

Abwicklung	Auftrag anmelden	-	m	1 min
	Auftrag abmelden	-	m	1 min
	Programmcode einlesen	1	m	1 min
	(Rückfragen)	-	m	10 min
Zustand	Rückfragen	1	-	2 %
	OEE	1	a	67 %
	Ausschuss	1	t	1 %
	Zykluszeit	1	a	40 min
	Stückzahl/Tag	1	a	7

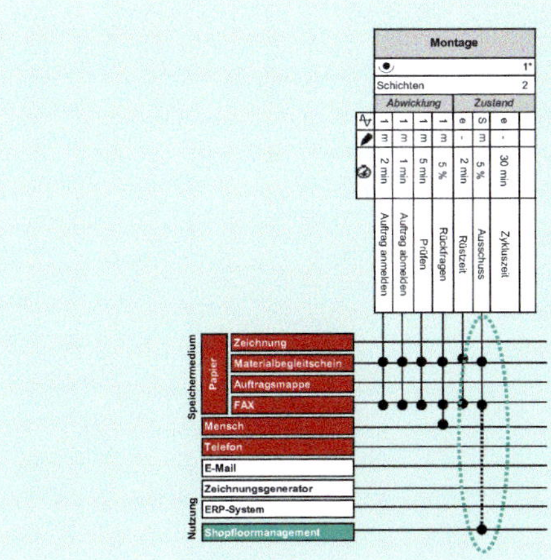

Nutzung von Informationen visualisiert

Werden Informationen zur Prozessverbesserung genutzt, so wird dies durch eine eindeutige Verbindung zu einer Aktivität gekennzeichnet (gestrichelte Linie). Somit ist es möglich zu sehen, ob erfasste Daten tatsächlich Transparenz über die Prozessleistung schaffen und ob erkannte Abweichungen auch Verbesserungsaktivitäten triggern. Anwendungsbeispiele sind das tägliche Shopfloormanagement oder die prädiktive Instandhaltung.

4 Verständnis und Richtlinien für ein Wertstromdesign 4.0

Das Wertstromdesign 4.0 folgt der Philosophie einer aufeinander abgestimmten Material- und Informationslogistik entlang des gesamten Auftragsabwicklungsprozesses. Material und Information sollen im Takt fließen, damit sie gleichermaßen zur richtigen Zeit am benötigten Ort bzw. Arbeitsplatz in der richtigen Qualität gemeinsam verfügbar sind. Wartezeiten aufgrund fehlender oder unvollständiger Information sollen vermieden werden. Darüber hinaus soll ein Fokus auf die Nutzung von Information zur kontinuierlichen Verbesserung von Prozessen, Produkten und zur Steigerung des Kundennutzens gelegt werden. Um dies zu erreichen, soll dort ein evolutionärer, angemessener Einsatz digitaler Technologien erfolgen, wo klassische „Lean"-Maßnahmen bereits ausgereizt sind oder Routinetätigkeiten automatisiert durchgeführt werden können. Dies betrifft mithilfe digitaler Technologien immer stärker die Bereiche der Auftragsklärung und Arbeitsvorbereitung. Anhand eines Denkmodells zeigen wir ein übergeordnetes Prinzip wie alle Flüsse im Wertstrom miteinander zu synchronisieren sind. Darauf aufbauend geben wir Richtlinien für das Wertstromdesign 4.0 zur Hand. Diese Richtlinien sollen Hilfestellung bei der schlanken Gestaltung von synchronisierten Informations- und Materialflüssen geben.

4.1 Denkmodell zum synchronisierten Informations- und Materialfluss

Im Sinne von Taichi Ohno, dem Erfinder des Toyota Produktionssystems, betrachten wir im Rahmen des Wertstromdesigns 4.0 auch die frühen Prozesse im Rahmen der Auftragsabwicklung, in denen häufig noch gar kein Material fließt.

Um die Abwicklung von Kundenaufträgen so verschwendungsarm wie möglich zu gestalten und in einen kontinuierlichen Fluss zu bringen, ist sowohl die Produktion als auch das Zusammenspiel aus indirekten Bereichen und der Produktion zu betrachten. Hierfür erweitern wir den Produktbegriff und unterscheiden zwischen materiellem und informellem Produkt. Im indirekten Bereich (bspw. Anpassungsentwicklung, Arbeitsvorbereitung usw.) besteht das Produkt zunächst nur aus Information, so dass wir hier den „Auftragsabwicklungsinformationsfluss" betrachten. Im direkten Bereich – also der Produktion – besteht der Produktfluss aus dem physischen Material bzw. dem physischen Produkt. Dieses betrachten wir im Rahmen des „Produktmaterialflusses". Erst die zeitlich abgestimmte Integration dieser beiden Flüsse führt zu kürzesten Durchlaufzeiten.

> Der Fluss der **Auftragsabwicklungsinformation** umfasst alle Informationen, die von den Prozessen zur Erfüllung ihrer Funktionen und Aufgaben benötigt werden oder im Rahmen dieser erstellt werden. Er beginnt beim Kunden und durchläuft zuerst die indirekten Bereiche. Hier wird die Information weiterverarbeitet und so aufbereitet, dass in der Produktion das physische Produkt des vorliegenden Auftrags hergestellt werden kann. Bspw. umfasst der Abwicklungsinformationsfluss Zeichnungen, Auftragsdaten oder Prüfpläne.

> Der Fluss des **Produktmaterials** stellt den physischen Materialfluss in den direkten Bereichen dar. In der Produktion trifft dieser Fluss mit den Auftragsabwicklungsinformationen zusammen.

Beide Flüsse zusammen bilden den **Produktfluss**. Dieser wird wiederum von einem weiteren Informationsfluss und einem weiteren Materialfluss unterstützt: dem Fluss der Zustandsinformationen und dem Fluss der Hilfsmittel.

> Der Fluss der **Zustandsinformation** umfasst allgemeine Informationen über den Status, die Auslastung oder die Leistungsfähigkeit der Prozesse (wie Bearbeitungszeit und -status, Temperatur, Ressourcenverbrauch, Druck etc.). Der Fluss von Zustandsinformationen dient bspw. zur Schaffung von Transparenz über die Produktion, als Grundlage für Prozessverbesserungen, zu Dokumentationszwecken oder zur Bauteilrückverfolgbarkeit.

> Der Fluss der **Hilfsmittel** umfasst die Bereitstellung und den Transport der notwendigen Betriebsmittel und Hilfsstoffe zur Durchführung eines Auftrags, bspw. in einer Zerspanung oder Montage. Er wird nicht im Wertstromdesign 4.0 betrachtet, da dieser einen separaten Wertstrom darstellt und in einem weiteren Projekt analysiert werden muss.

Die effiziente Gestaltung jedes einzelnen der vier Flüsse hat Einfluss auf die Effizienz des kompletten Wertstroms. Besonders der Fluss der Produktinformationen und der materiellen Produkte sind synchron und aufeinander abgestimmt zu gestalten.[1]

[1] Vgl. zur Definition und Unterteilung der Informations- und Materialflüsse Hartmann (2022), Metternich (2018)

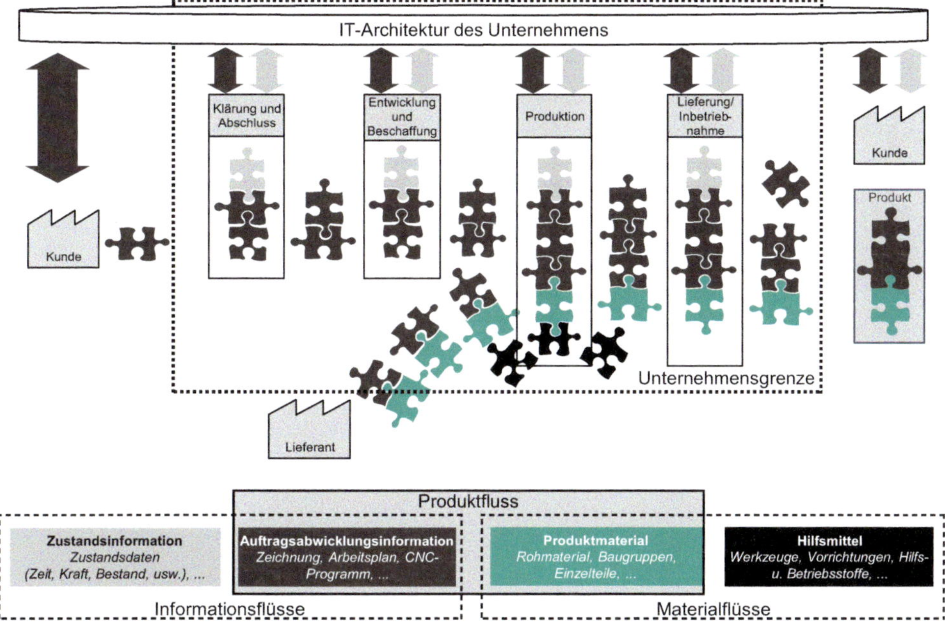

Quelle: Hartmann (2022); Metternich (2018)

Gerät einer der vier Flüsse ins Stocken oder ist nicht mit den anderen Flüssen synchronisiert, kommt es zu Verzögerungen aufgrund von Wartezeiten. Um dies zu vermeiden, ist eine integrative Gestaltung dieser Informations- und Materialflüsse sicherzustellen. Dies ist in der Produktion besonders anspruchsvoll, da sich hier alle vier Flüsse treffen: An einem Produktionsarbeitsplatz müssen mit dem physischen Produkt zur gleichen Zeit die zugehörigen Arbeits- und Prüfanweisungen verfügbar, Werkzeuge, Vorrichtungen und Messmittel vorhanden sowie die notwendigen Prozessparameter eingestellt sein. Zudem ist der Kunde als Informationsquelle und Start der Auftragsabwicklung an den Wertstrom anzubinden, um Auftragsklärung, Anpassungsentwicklung und Arbeitsvorbereitung effizient zu gestalten.

4.2 Richtlinien zur Gestaltung schlanker Informationsflüsse

In Anlehnung an die Richtlinien zur Gestaltung eines schlanken Materialflusses, sollen die folgenden Richtlinien Orientierung bei der Gestaltung schlanker Informationsflüsse geben.

Digitalisiere nur schlanke Prozesse

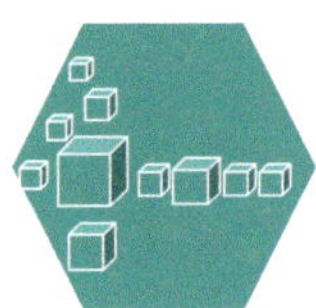

Lean kommt vor digital! Die Synchronisation von Material- und Informationsfluss entfaltet dort ihre größte Wirkung, wo zuvor Verschwendung eliminiert, Arbeitsabläufe standardisiert und stabilisiert und das Material weitgehend in den Fluss gebracht wurde. Der Einsatz digitaler Lösungen im Rahmen verschwendungsbehafteter Prozesse birgt die Gefahr einer digital unterstützten Standardisierung von Verschwendung. In der Folge wird es erschwert, eine zugrundeliegende Verschwendung zu erkennen und zu beseitigen. Daher sollte im Vorfeld des Einsatzes digitaler Lösungen erkannte Verschwendung grundlegend beseitigt werden. Als hilfreich hat es sich erwiesen, auf jede erkannte Verschwendung („Kaizen-Blitz") die 5-Mal-Warum Methode anzuwenden, um zur wahren Ursache zu gelangen. Diese wahre Ursache sollte zunächst durch klassische Lean-Methoden abgestellt werden. Erst wenn dies nicht ausreicht, sollten digitale Möglichkeiten zum Einsatz kommen.

Bringe die Information ins Fließen

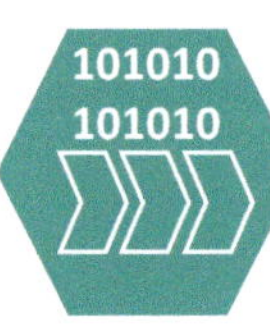

Anders als beim Materialfluss lässt sich das Stocken des Informationsflusses nur indirekt erkennen. Der kontinuierliche Fluss von Information ist dort unterbrochen, wo Aufträge nicht weiterbearbeitet werden können, weil Information fehlt oder Nachfragen notwendig sind. Stellen Sie systematisch fest, welche Information ein Kunden- bzw. Folgeprozess benötigt, um einen Auftrag unverzüglich weiterbearbeiten zu können. Stellen Sie durch entsprechende datentechnische Anbindung sicher, dass diese Information sofort verfügbar ist bzw. bestehende Information durchgängig und umgehend aktualisiert wird. Besondere Aufmerksamkeit sollte papiergebundener Information gelten. Diese unterliegt der Gefahr des sofortigen Veraltens (bspw. im Fall von Arbeits- und Prüfanweisungen, Packlisten, Stücklisten usw.) und kann durch Transportzeiten zu einer Verlängerung von Durchlaufzeiten beitragen. Gerade im Bereich der zeit- und qualitätskritischen Auftragsabwicklung sollte daher auf eine durchgängige Informationsanbindung aller Wertschöpfungsprozesse (mechanische Fertigung, Vor- und Endmontage, Prüfung und Test) geachtet werden.

Standardisiere und automatisiere die Verarbeitung von Informationen

Standards ermöglichen die Stabilisierung einer gewünschten Prozessleistung, indem einerseits dem aktuell besten Vorgehen gefolgt wird und andererseits Abweichungen vom Normalzustand erkannt und eliminiert werden können. Das gilt für die klassischen Verschwendungen ebenso wie für die informationslogistischen Verschwendungsarten. Sorgen Sie zunächst für stabile und standardisierte Abläufe. Sie vereinfachen den anschließenden Einsatz digitaler und automatischer Lösungen. Es ist dabei hilfreich, sich in die Perspektive der Nutzer von Information zu versetzen: Wer muss wann welche Information in welchem Format zur Verfügung haben? Wer oder Was ist der Lieferant dieser Information? Definieren Sie für jede Information einen einheitlichen und wertstrom-durchgängigen Informationsträger sowie eine standardisierte Erfassung (bspw. durch Eingabemasken oder Lesegeräte), Weitergabe, Darstellung und Nutzung bspw. im Rahmen standardisierte Regelkommunikation.

Begegne Komplexität mit Einfachheit

Entwickeln Sie bewährte Lean-Ansätze digital weiter, statt sie durch digitale Lösungen zu ersetzen. Digitale Systeme sind selten die Lösung eines Problems. Entwickeln Sie zunächst schlanke Prozesse, indem Sie Verschwendungen und Ursachen für Instabilität eliminieren. Anschließend kann die gefundene Problemlösung durch ein digitales System weiter verbessert werden. Bspw. entfalten Pick-by-Technologien oder smarte Datenbrillen erst dann ihre volle Wirkung, wenn in einem Kommissionierbereich vorab die Pickreihenfolge und die Materialanordnung aufeinander abgestimmt wurden.

Erlaube keinen Informationsfluss ohne Informationsnutzung

Jedem Informationsfluss muss ein Kunde gegenüberstehen, der die Information nutzt. Ein Kunde kann ein weiterer Prozessschritt oder ein Unterstützungsprozess (bspw. Instandhaltung oder Logistik) sein. Eine Nutzung kann auch in Form einer Datenauswertung erfolgen, die bspw. das Shopfloor Management unterstützt oder eine Prozessüberwachung erlaubt. Informationsflüsse ohne Nutzung sind Verschwendung.

Nutze das Potential in Informationen

Daten können – richtig eingesetzt – Transparenz über den aktuellen Status der Produktion bieten und helfen bessere Entscheidungen zu treffen. Ungenutzt abgelegte Messprotokolle oder Prüfergebnisse von Testständen sind Verschwendung von wertvoller Information über Verbesserungsmöglichkeiten von Produkten und Prozessen. Erkennen Sie „Datengräber" (bspw. Messraum- oder Prüfstandsdaten) und verknüpfen Sie Prozessdaten aus Maschinen und Anlagen mit den Prüf- bzw. Messergebnissen der Produkte über Zeitstempel. Dies kann bspw. bei Qualitätsproblemen zu einer schnelleren Eingrenzung von Problemen und ihrer Lösung führen.

Stelle den Mitarbeiter ins Zentrum digitaler Ansätze

Im Kern der Lean-Philosophie stehen Mitarbeitende, die kontinuierlich Prozesse verbessern und dabei ihre eigene Problemlösungsfähigkeit steigern. Stellen Sie daher bei der Entwicklung und Implementierung digitaler Lösungen die Mitarbeiter als Problemlöser in den Mittelpunkt. Wo können Entscheidungen mithilfe (digital) bereitgestellter Information verbessert werden? Wo können Problemlösungsprozesse durch entsprechend aufbereitete Daten unterstützt werden? Welche digitalen Endgeräte und Eingabemasken steigern die Akzeptanz Ihrer Mitarbeiter besonders? Welche Qualifikationen werden für einen souveränen Umgang mit einer neuen, digitalen Lösung benötigt und wie können sie vermittelt werden?

Zusammengefasst

Richtlinien für Ihr Wertstromdesign 4.0

- ✓ Digitalisiere nur schlanke Prozesse
- ✓ Bringe die Informationen ins Fließen
- ✓ Standardisiere und automatisiere die Verarbeitung von Informationen
- ✓ Begegne Komplexität mit Einfachheit
- ✓ Erlaube keinen Informationsfluss ohne Informationsnutzung
- ✓ Nutze die Potentiale in Informationen
- ✓ Stelle den Mitarbeiter ins Zentrum digitaler Ansätze

5 Wertstromdesign 4.0 – Sollzustand entwerfen

Auf die Analyse des Istzustands im Rahmen der Wertstromanalyse 4.0 folgt die Gestaltung des Sollzustands im Wertstromdesign 4.0. Das Wertstromdesign 4.0 umfasst dazu drei Phasen. Wie bei der Wertstromanalyse 4.0 wird hierbei der Gestaltungsfokus des klassischen Wertstromdesigns um die Prozesse des indirekten Bereichs und die Informationsflüsse im Wertstrom erweitert. Das Wertstromdesign 4.0[1] verfolgt darüber hinaus das Ziel, aus dem gesamten Wertstrom einen strategischen Wettbewerbsvorteil aufzubauen. Aus dem Zusammenspiel der Prozesse zur Herstellung des physischen Produkts und der gezielten Erfassung, Verarbeitung und Bereitstellung von Informationen soll der Wertstrom zum Befähiger des Angebots einzigartiger Produkte und Dienstleistungen werden.

Daher wird in Phase III zunächst damit begonnen, die Anforderungen des Geschäftsmodells an den Wertstrom herauszuarbeiten, um sie anschließend systematisch in das Design des neuen Wertstroms einfließen zu lassen. Mithilfe dieser definierten Anforderungen lässt sich im weiteren Verlauf der Methode die Frage beantworten, welche Informationen im Wertstrom warum zu erzeugen sind und welche Prozesse informationslogistisch zu vernetzen sind.

Auf Basis der Anforderungen des Geschäftsmodells sowie der Informationsbedarfe der Funktionsbereiche werden in Phase IV der Produktfluss gestaltet und in Phase V der Wertstrom informationslogistisch vernetzt. Das Vorgehen ist in der folgenden Abbildung dargestellt und wird in den nächsten Kapiteln erläutert.

[1] Die Ausführungen und Methodenschritte zum Wertstromdesign 4.0 basieren auf Hartmann (2022).

5.1 Phase III: Anforderungen an Wertstrom definieren

Diese Phase hat zum Ziel, Anforderungen hinsichtlich der Gestaltung und Ausrichtung des zukünftigen Wertstroms zu definieren. Diese Anforderungen werden einerseits aus dem Geschäftsmodell und andererseits aus den Funktionsbereichen abgeleitet. Durch die Analyse des Geschäftsmodells soll die Gestaltung des Wertstroms stärker auf die Erzeugung des Kundennutzens ausgerichtet werden.

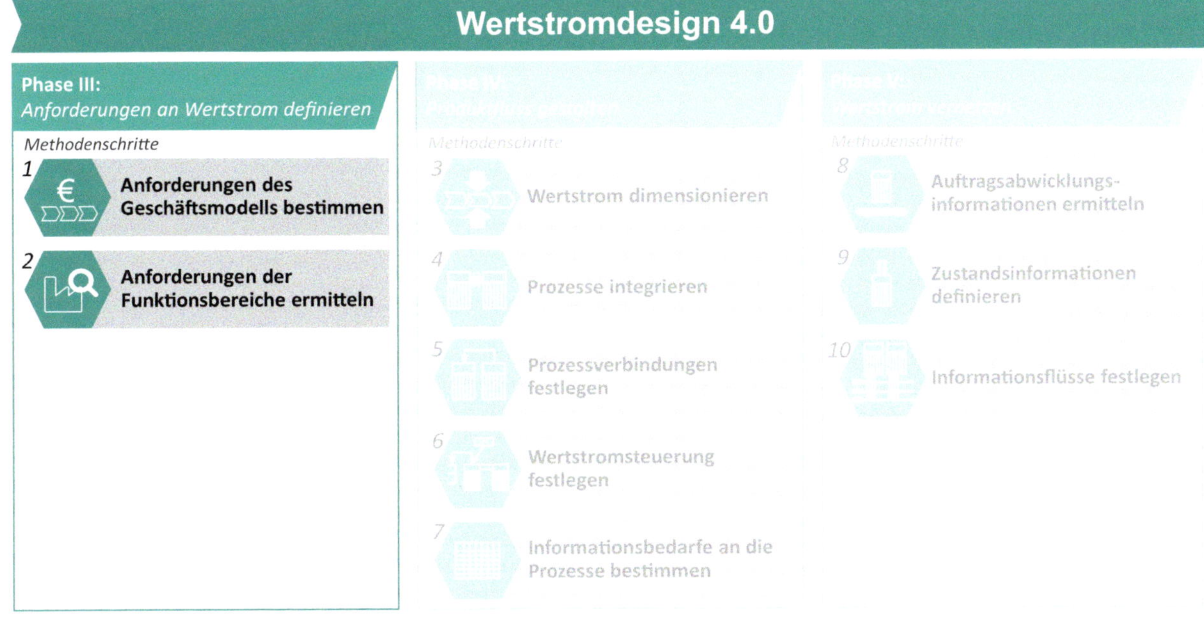

5.1.1 Schritt 1: Anforderungen des Geschäftsmodells bestimmen

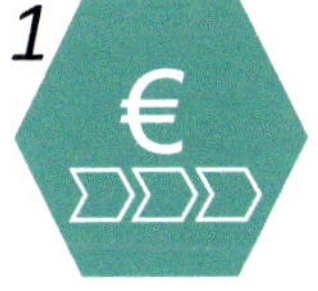

Das Geschäftsmodell ist der Ausgangspunkt zur Gestaltung des Wertstroms. Es lässt sich allgemein wie folgt definieren:

Ein Geschäftsmodell beschreibt die Grundlogik, wie eine Organisation Werte schafft. Dabei bestimmt das Geschäftsmodell,

1. was eine Organisation anbietet, das von Wert für Kunden ist,
2. wie Werte in einem Organisationssystem geschaffen werden,
3. wie die geschaffenen Werte dem Kunden kommuniziert und übertragen werden,
4. wie die geschaffenen Werte in Form von Erträgen durch das Unternehmen „eingefangen“ werden,
5. wie die Werte in der Organisation und an Anspruchsgruppen verteilt werden und
6. wie die Grundlogik der Schaffung von Wert weiterentwickelt wird, um die Nachhaltigkeit des Geschäftsmodells in der Zukunft sicherzustellen.

Quelle: Bieger und Reinhold (2011)

Die systematische, strukturierte Analyse eines Geschäftsmodells zeigt auf, wie das Leistungsversprechen eines Unternehmens durch das Zusammenspiel interner Prozesse und Stärken unter Einbeziehung externer Partner und Kanäle realisiert wird. Die gängigen Darstellungsweisen für Geschäftsmodelle sind – aufgrund einer zu hohen Abstraktion – zunächst nicht für die konkrete Spezifikation von Prozessen geeignet. Im Rahmen des Wertstromdesign 4.0 stellt sich damit die Herausforderung, die Erkenntnisse aus der Geschäftsmodellanalyse systematisch in Vorgaben für die integrale Gestaltung von Material- und Informationsflüssen zu übersetzen. Der Wertstrom soll die Umsetzung des Geschäftsmodells in Bezug auf die operative Leistungserstellung darstellen. Vor der eigentlichen Gestaltung des zukünftigen Soll-Wertstroms sind daher die Anforderungen zu ermitteln, die das Geschäftsmodell an den Wertstrom stellt.

Zur Umsetzung eines Wertstroms, durch den neue, einzigartige Leistungsversprechen ermöglicht werden, sind die beiden folgenden Fragen zu beantworten:

- Welche aktuellen und künftigen Anforderungen stellt das Geschäftsmodell an den Wertstrom und dessen informationslogistische Vernetzung?
- Kann mit Informationen aus dem Wertstrom das Geschäftsmodell unterstützt oder zusätzlicher Wert geschaffen werden?

Um diese Anforderungen und Wertangebote konkret zu ermitteln, sind verschiedene Herangehensweisen möglich. Eine gängige – und daher hier verwendete – Option besteht darin, den Business Modell Canvas (BMC)[2] zu nutzen. Er gibt einen Entwurfsrahmen vor, um das Geschäftsmodell mit seinen relevanten Aspekten strukturiert zu beschreiben. Das Geschäftsmodell wird im BMC in verschiedene Bereiche eingeteilt. Diese sind in der nachfolgenden Abbildung dargestellt.

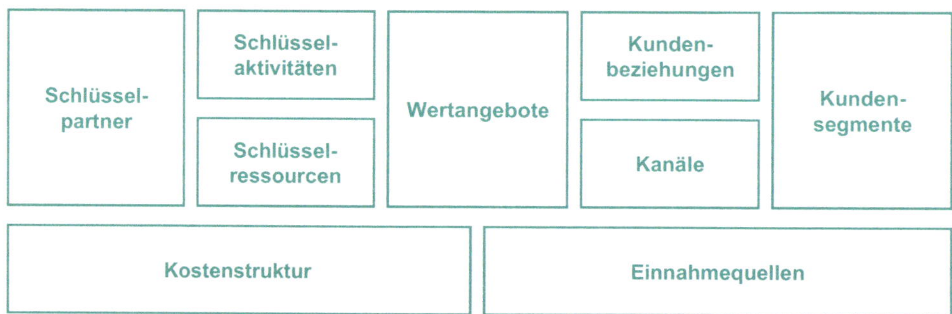

Quelle: Osterwalder und Pigneur (2011)

Die Formulierung des Geschäftsmodells in seinen wesentlichen Elementen gibt dem Wertstromteam eine Orientierung zur durchgängigen Neugestaltung des Wertstroms. Jeder Prozess soll befähigt werden, jeden einzelnen Kundenauftrag im Sinne der Anforderungen des Geschäftsmodells und seiner Leistungsversprechen zu erfüllen. Dies gilt sowohl für den Material- als auch den Informationsfluss.

[2] Vgl. Osterwalder und Pigneur (2011)

Einerseits resultieren aus dem Geschäftsmodell Anforderungen an den Materialfluss, die vom Wertstromteam zu ermitteln und die bei der Prozessgestaltung in Phase IV zu berücksichtigen sind. Andererseits kann das Geschäftsmodell Anforderungen an die Gestaltung der Informationslogistik stellen. Diese sind für das Wertstromdesign 4.0 zu bestimmen. Gezielte Fragen können dabei helfen, die Anforderungen in jedem Element des BMC zu identifizieren. Hierfür sind in der folgenden Abbildung als Hilfestellung beispielhafte Fragen aufgeführt.

Schlüsselpartner
Wie sind die Schlüsselpartner informationslogistisch an den Wertstrom anzubinden, um Kosten, Ressourcen oder Zeit zu sparen bzw. die Zuverlässigkeit zu erhöhen?

Schlüsselaktivitäten
Welche Informationsanforderungen bestehen aufgrund der Schlüsselaktivitäten?

Können durch Informationen neue Schlüsselaktivitäten erzeugt werden?

Schlüsselressourcen
Bestehen aufgrund von Schlüsselressource besondere Informationsanforderungen?

Können durch Informationen neue Schlüsselressource erzeugt werden?

Wertangebote
Welche Produkt- und welche Prozessinformation sind vom Wertstrom zu erzeugen, um einen Mehrwert/Nutzen für die Kunden zu liefern?

Welche Informationen sind für das Produkt und angrenzende Services notwendig und wie sind diese Informationsflüsse mit dem Wertstrom zu verbinden?

Kundenbeziehungen
Kann die Kundenbeziehung durch gezielte IT Anbindung der Kunden an den Wertstrom gefördert werden?

Kanäle
Über welche Informationskanäle / IT-Systeme soll die Kommunikation mit den Kunden stattfinden?

Kundensegmente
Welche Informationen steigern den Kundennutzen in Verbindung mit dem physischen Produkt? Wie können diese durch den Wertstrom aufwandsarm bereitgestellt werden?

Kostenstruktur
Welche Informationen aus dem Wertstrom werden zur Abbildung der Kostenstruktur benötigt?

Einnahmequellen
Welche Informationen sind für die Preisgestaltung oder Freigaben wichtig?

Können mit Informationen aus dem Wertstrom weitere Einnahmen generiert werden?

Quelle: BMC nach Osterwalder und Pigneur (2011)

Auf Basis der Elemente des Geschäftsmodells und der Antworten auf die Leitfragen werden Informationsbedarfe definiert, die der Wertstrom zu erfüllen hat, um das Geschäftsmodell umzusetzen. Beispielhafte Informationsbedarfe sind nachfolgend aufgeführt:

- Bestandsdaten aus Supermärkten: Dadurch sollen Lieferanten an den Wertstrom angebunden werden und so die Bestellung von Vorprodukten und Zukaufteilen automatisiert bzw. effizienter gestaltet werden.
- Ressourcen- und Energieverbräuche: Zur Umsetzung der Unternehmensstrategie hinsichtlich Transparenz über Ressourcenverbräuche bei der Produktherstellung sollen entsprechende Informationen von den Prozessen im Wertstrom erfasst und für die Kunden bereitgestellt werden.
- Mess- und Prüfdaten: Als zusätzliches Wertangebot sollen den Kunden bereits vor Lieferung der Produkte Mess- und Prüfdaten aus dem Wertstrom bereitgestellt werden. So lassen sich Inbetriebnahmezeiten verkürzen.

- Zeitstempel: Dem Kunden sollen im unternehmenseigene Webportal Informationen über den Fortschritt der Auftragserfüllung bereitgestellt werden. Hierzu sind Zeitstempel zu den entsprechenden Aufträgen und Prozessen zu erfassen und bereitzustellen.

Die so identifizierten Informationsbedarfe können zur Anwendung im weiteren Methodenverlauf in eine **Informationsmatrix** aufgenommen werden. Diese wird nach Schritt 2 erläutert.

5.1.2 Schritt 2: Anforderungen der Funktionsbereiche ermitteln

Neben den Anforderungen aus dem Geschäftsmodell können auch unternehmensinterne Funktionsbereiche bzw. Unterstützungsprozesse Anforderungen an den Wertstrom haben, wie beispielsweise das Qualitätsmanagement, die Auftragsplanung oder die Instandhaltung. Diese benötigen Informationen aus dem Wertstrom, um ihre jeweiligen Aufgaben und Ziele zu erreichen. Durch die zeitnahe Bereitstellung von Information aus dem Wertstrom kann die Leistungsfähigkeit interner Funktionsbereiche und die Effizienz der Zusammenarbeit weiter gesteigert werden.

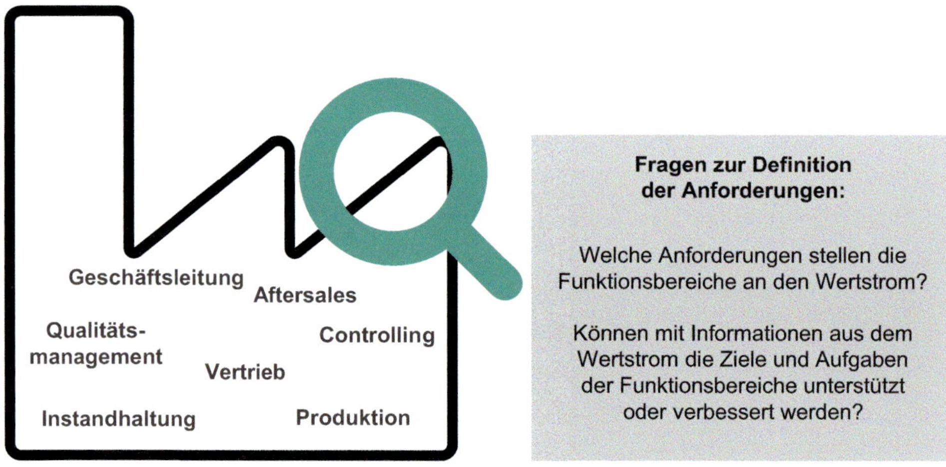

Beispiele für Informationsbedarfe einzelner Funktionsbereiche sind:

- Shopfloor Management: Stückzahl, Ausschuss, OEE, ...
- Qualitätsmanagement: Gutteile, Ausschuss, ...
- Logistik: Bestände, Lagerorte, ...
- Instandhaltung: Füllstände von KSS, Verschleiß von Werkzeugen, ...

Die ermittelten Informationsanforderungen, sowohl aus dem Geschäftsmodell als auch aus den Funktionsbereichen, fließen in die beiden anschließenden Phasen des Wertstromdesigns 4.0 ein. Bei der strukturierten Analyse des Geschäftsmodells und der Funktionsbereiche werden in der Regel eine Vielzahl an einzelnen Informationsbedarfen definiert. Daher kann es nützlich sein, in der Methodenanwendung ein Hilfsmittel heranzuziehen. Dazu führen wir hier eine Informationsmatrix ein. In ihr können die Informationsbedarfe erfasst und beim Design von Prozessen und des Gesamtwertstroms wieder aufgegriffen werden. Die Matrix ist wie folgt aufgebaut:

- In der ersten Spalte werden die Elemente aus dem Geschäftsmodell und die Funktionsbereiche aufgeführt, die einen Informationsbedarf an den Wertstrom haben.
- In der zweiten Spalte wird der entsprechende Informationsbedarf aufgeführt.
- In den hinteren Spalten werden die Prozesse des Wertstroms mit dem Informationsbedarf verknüpft. Die Prozesse stellen die potenziellen Lieferanten der benötigten Information für die Funktionsbereiche dar. Dieser Bereich wird im weiteren Verlauf der Methode ergänzt.

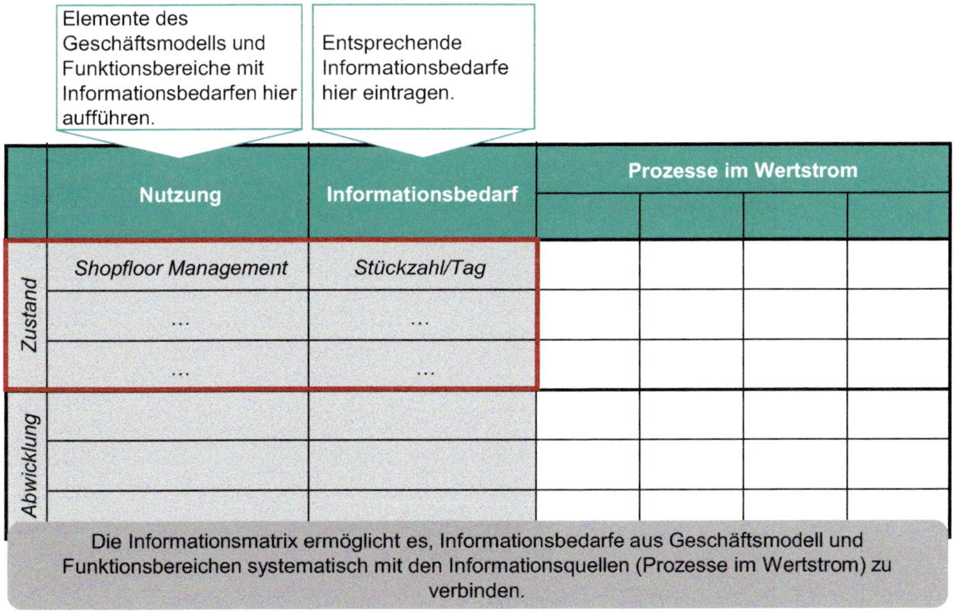

Elemente des Geschäftsmodells und Funktionsbereiche mit Informationsbedarfen hier aufführen.

Entsprechende Informationsbedarfe hier eintragen.

	Nutzung	Informationsbedarf	Prozesse im Wertstrom			
Zustand	*Shopfloor Management*	*Stückzahl/Tag*				
	...	...				
	...	...				
Abwicklung						

Die Informationsmatrix ermöglicht es, Informationsbedarfe aus Geschäftsmodell und Funktionsbereichen systematisch mit den Informationsquellen (Prozesse im Wertstrom) zu verbinden.

5.2 Phase IV: Produktfluss gestalten

Schlanke und verschwendungsarme Prozesse, wie sie durch das klassische Wertstromdesign gestaltet werden, bilden die Grundlage eines zielgerichteten Einsatzes digitaler Lösungen und einer synchronen Gestaltung von Material- und Informationsflüssen. Ziel der folgenden Schritte ist es daher, zunächst einen schlanken Produktfluss im Sinne des klassischen Wertstromdesigns zu gestalten. Das Vorgehen orientiert sich dabei an den Richtlinien von Rother und Shook, wobei an der einen oder andere Stelle zusätzliche Entscheidungshilfen gegeben werden.

Die Prinzipien zur Gestaltung schlanker Prozesse gelten gleichermaßen im direkten wie im indirekten Bereich. Zu beachten ist jedoch, dass das herzustellende „Produkt“ im indirekten Bereich lediglich eine Information ist. Dieses Produkt ist oft schwieriger zu identifizieren und dessen „Fluss“ durch die Prozesse nachzuverfolgen als bei einem materiellen Produkt im direkten Bereich. Ziel des Wertstromdesigns 4.0 ist es jedoch, die Prozesse zur Erstellung des Informationsprodukts im indirekten Bereich (Auftragsabwicklungsinformationsfluss) ähnlich den Prozessen zur Erstellung des materiellen Produkts im direkten Bereich (Produktmaterialfluss) zu definieren und somit eine durchgängige Gestaltung der Prozesse zur Produktherstellung zu erreichen. Im Wesentlichen unterscheiden sich die Prozesse im indirekten und im direkten Bereich im Hinblick auf die folgenden Kriterien:[3]

[3] Vgl. Wiegand und Pöhls (2009); Magenheimer (2014); Hartmann (2022)

- **Produkt:** Im indirekten Bereich ist die Information das Produkt. Information ist prinzipiell unsichtbar und immateriell. Es wird daher ein Medium beispielsweise Papier benötigt, um sie sichtbar zu machen.
- **Prozesstransparenz:** Aufgrund der Immaterialität von Informationen ist die Transparenz über Prozesse, Tätigkeiten und die Identifikation des Wertstroms i. d. R. schwieriger als im direkten Bereich.
- **Prozessstandardisierung**: Prozesse im indirekten Bereich sind oft weniger dokumentiert und standardisiert als im direkten Bereich.
- **Aufgabenvielfalt und Aufgabenteilung**: Im indirekten Bereich sind Beschäftigte meist in verschiedene Funktionen und Prozesse eingebunden. Die Wiederholhäufigkeit von Tätigkeiten ist zudem oft geringer und die Anzahl an Prozessbeteiligten meist größer als im direkten Bereich.
- **Prozessdauer:** Dauer bzw. Bearbeitungszeit der verschiedenen Aufgaben unterscheiden sich im indirekten Bereich oftmals stärker als im direkten Bereich.
- **Schnittstellen:** Die Prozesse im indirekten Bereich haben meist eine höhere Anzahl an Schnittstellen als die Prozesse im direkten Bereich. Dies wird beispielsweise durch eine stärkere Einbindung in verschiedene Leistungserstellungsprozesse oder durch eine größere Anzahl interner Kunden der Prozesse bedingt.

5.2.1 Schritt 3: Wertstrom dimensionieren

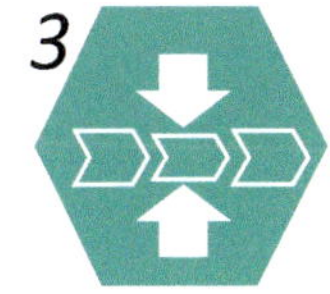

Vor der eigentlichen Gestaltung der Prozesse sind die konkreten Zielgrößen sowie die Rahmenbedingungen für den Wertstrom zu definieren. Sie geben Anhaltspunkte für die kapazitative Auslegung der Prozesse.

Leistungsziele für den Wertstrom festlegen

In Kapitel 2 wurde, in der Vorbereitung für ein erfolgreiches Projekt, vorgeschlagen, die „Projektziele durch Kennzahlen in den Prozessen messbar zu machen". Dazu sind die Zielgrößen aus Abschnitt 2.3 wieder aufzugreifen und konkrete Zielwerte festzulegen, die mit der Gestaltung des Wertstroms erreicht werden sollen.

Prinzip der Auftragsabwicklung festlegen

Vor der Auslegung bzw. dem Design der Teilprozesse des Wertstroms ist ein Verständnis zu schaffen, nach welchem Prinzip die Auftragsabwicklung grundlegend erfolgen soll. Ausgangspunkt für diese Entscheidung ist das Geschäftsmodell mit seinen Leistungsanforderungen. Die unterschiedlichen Ausgestaltungen der Auftragsabwicklung haben Einfluss auf Flexibilität, Lieferzeiten, Bestände und Kundenservice. Es können die Prinzipien *Make-to-Stock*, *Assemble-to-Order*, *Make-to-Order*,

Engineer-to-Order und *Develop-to-Order* unterschieden werden.[4] Die Entscheidung für das passende Prinzip beeinflusst die Steuerung des Wertstroms, die Verknüpfung der Prozesse (FiFo- oder Supermarkt-Pull) und das Versandprinzip (Direktversand oder Fertigwarenlager). In der folgenden Abbildung sind die fünf Prinzipien der Auftragsabwicklung und die damit verbundenen Einsteuerungsbereiche dargestellt.

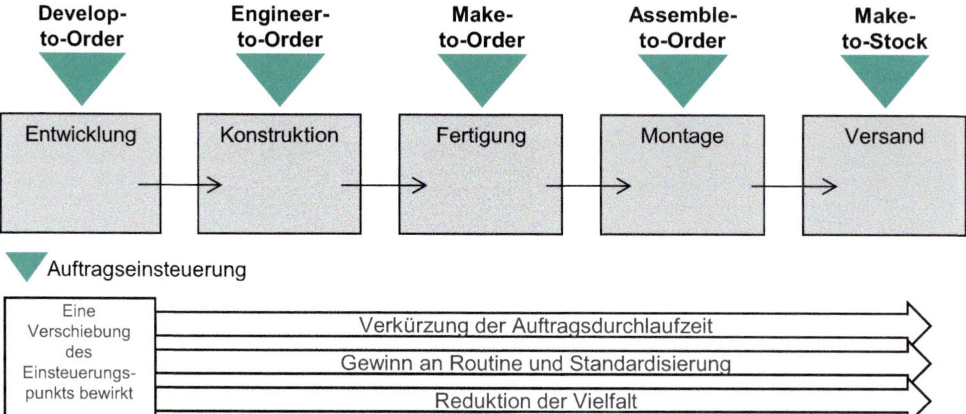

Je weiter der Kundenauftrag mit seiner Individualität in den Wertstrom vordringt, desto mehr Stationen des Wertstroms sind von einem Durchlauf auftragsindividueller Teile und Informationen betroffen und desto früher in der Auftragsabwicklung muss ein Auftrag eingesteuert werden. Der Einsteuerungspunkt unterteilt damit die Auftragsabwicklung in einen kundenneutralen Teil stromaufwärts des Einsteuerungspunktes und einen kundenindividuellen Teil stromabwärts. Es gilt: Je früher Varianten im Auftragsabwicklungsprozess entstehen, desto

- länger muss eine Unterscheidung zwischen den Varianten getroffen werden;
- größer sind die Fehlermöglichkeiten;
- häufiger muss gerüstet werden;
- höher ist der Planungsaufwand.

Individuelle Lösungen sind häufig Teil des Leistungsversprechens vieler Unternehmen. Um die Belastung des Wertstroms durch diese Individualität zu minimieren, ist die Eindringtiefe des Kundenauftrags möglichst klein zu halten und Varianten sollten beispielsweise nicht gefertigt, sondern so spät wie möglich montiert werden. Voraussetzung hierfür ist das Bilden effizienter Baukästen, in denen optionale Funktionen in montierbaren Funktionsmodulen isoliert werden. Die Gestaltungsmöglichkeiten des Wertstroms hängen damit in hohem Maße von der Produktstruktur ab. Für manche Komponenten ist ein Engineer-to-Order Wertstrom

[4] Vgl. Bogner et al. (2017)

unvermeidbar. In diesem Fall ist anzustreben, den Anpassungsaufwand durch eine enge Kundenanbindung im digitalen Frontend und durch eine möglichst hohe Automatisierung in der Anpassungsentwicklung sowie der Arbeitsvorbereitung zu reduzieren. Eine digitale Durchgängigkeit von der Anforderungsbeschreibung über die Machbarkeitsprüfung, CAD-Modellierung bis hin zur Erstellung von NC-Programmen sowie Arbeits- und Prüfanweisungen ist hierfür die Voraussetzung.

Kundentakt bestimmen

Der Kundentakt ist für die kapazitative Gestaltung der Prozesse und des Wertstroms die zentrale Grundlage und Bezugsgröße. Seine Berechnung und Bedeutung sind im Analyseteil beschrieben, weshalb an dieser Stelle darauf verwiesen wird (Kapitel 3.1.2). Es sollte bei der Berechnung des Kundentakts die künftige Nachfrage, welche durch den neuen Wertstrom zu befriedigen ist, berücksichtigt werden.

5.2.2 Schritt 4: Prozesse integrieren

Ausgehend vom letzten Prozess im Wertstrom, welcher dem Kunden am nächsten ist, sind stromaufwärts möglichst große Bereiche im Wertstrom zu bilden, in denen ein Auftrag im Einzelstück oder Einzelsatz fließt. Ein „Ziehen“ aus Supermärkten sollte nur dort erfolgen, wo ein Fluss nicht mehr realisierbar ist („Flow where you can, pull where you must“). Wir bezeichnen diese Bereiche integrierten Flusses als „Flussinseln“. Erst wenn ein flussaufwärts angeordneter Prozessschritt nicht mehr integriert werden kann, ist das Ende einer Flussinsel erreicht. Gründe, warum ein Fluss zwischen zwei Prozessen nicht möglich ist, können sowohl technischer als auch organisatorischer Natur sein. Sie lassen sich i. d. R. auf eine der folgenden Ursachen zurückführen:[5]

- physische Distanz zwischen Prozessen (lassen sich diese räumlich zusammenlegen?)
- Zusammenführen oder Aufteilen von Wertströmen (können „Rennerlinien“ gebildet werden?)
- instabile Prozesse, wie beispielsweise durch Qualitätsprobleme oder häufige Rückfragen (Kaizen-Aktivitäten prüfen!)
- Chargenbildung aus technologischen Gründen (alternative Technologien prüfen!)
- unterschiedliche Schichtmodelle (können Tätigkeiten in die gleiche Schicht gelegt werden?)

[5] Vgl. Erlach (2010)

- ungleiche Taktzeiten aufeinanderfolgender Prozesse (alternative Technologien prüfen!)
- zu lange Rüstzeiten (Schnellrüst-Aktivitäten prüfen!)

Nachfolgende Abbildung zeigt ein Industriebeispiel mit vier Prozessschritten, welche zu einem Prozess mit kontinuierlichem Fluss zusammengefasst werden (in der Abbildung rot umrandet). Durch das Erzeugen dieser Flussinsel im Wertstrom wird der Umlaufbestand zwischen den Prozessschritten reduziert, die Planung vereinfacht und die Durchlaufzeit reduziert. Dies gelingt im Beispiel aufgrund ähnlicher Zyklus- und Rüstzeiten.

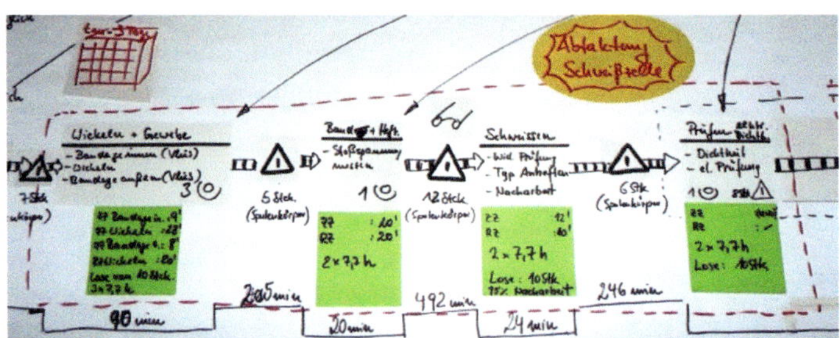

Verschwendungen in den Flussinseln beseitigen

Die Voraussetzung für die Verknüpfung von Prozessschritten sind verschwendungsarme, stabile und standardisierte Prozesse. Die betrachteten Prozessschritte oder Flussbereiche sollten daher im Hinblick auf Verschwendungen analysiert werden. Verschwendung kann sowohl in den klassischen als auch in den informationslogistischen Kategorien auftreten. Erkannte Verschwendung („Kaizen") ist zu eliminieren oder zumindest zu reduzieren, bevor eine Flussinsel umgesetzt wird.

Die bereits im Rahmen der Wertstromanalyse 4.0 identifizierten Verschwendungen sollten priorisiert und im Rahmen von Projektarbeit beseitigt werden. Zur Priorisierung der Kaizen sollte das Erzeugen eines kontinuierlichen Auftragsflusses als oberstes Ziel in den Vordergrund gestellt werden. Die Fragestellung lautet hier: Was hindert uns daran, einen Auftrag direkt von einem Prozess zum nächsten fließen zu lassen? Als Beispiele sind hier typische Verbesserungsprojekte aufgeführt, die aus dieser Fragestellung entstehen:

- Informationsbedarfe von Prozessen identifizieren und notwendige Informationen standardisiert und rechtzeitig bereitstellen, um Rückfragen in der Auftragsabwicklung zu vermeiden
- Gründe für Rückfragen analysieren und deren Ursachen beseitigen
- Lösen von Qualitätsproblemen, um Sicherheitspuffer und Nacharbeit zu reduzieren

- Geplantes Bereitstellen von Material, um Bestände vor den Prozessen zu reduzieren bzw. Materialverfügbarkeit zu steigern
- Nivellierung der Arbeitsinhalte in einer Montagelinie, um getakteten Einzelstückfluss zu realisieren. Hier sind sowohl manuelle Tätigkeiten als auch der Zeitanteil im Umgang mit der Erfassung oder Verarbeitung von Informationen zu betrachten

Sind Verschwendungen eliminiert, können die Flussinseln ausgetaktet, stabilisiert und standardisiert werden. Im Idealfall wird so zumindest in möglichst großen Teilbereichen der Auftragsabwicklung eine kontinuierliche Fließfertigung aufgebaut, wie im Beispiel in der folgenden Abbildung dargestellt.

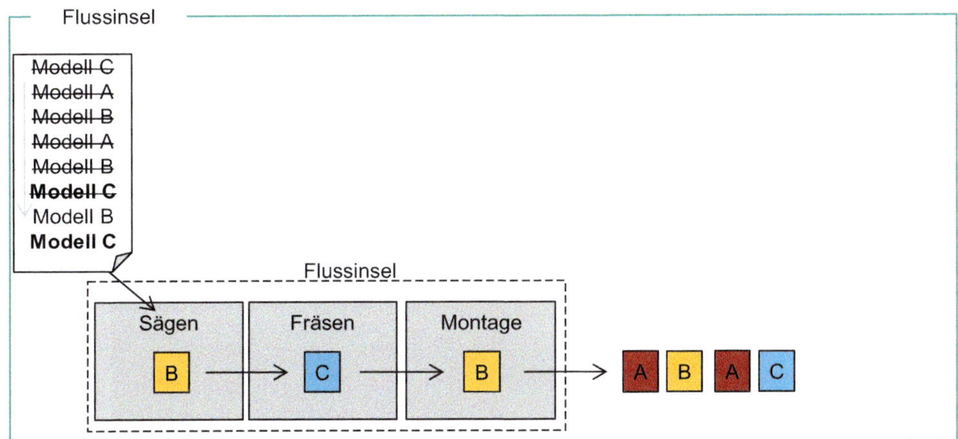

Warum eigentlich Einzelstückfluss?

Das Ziel einer fließenden Produktion im Einzelstück wird oft formuliert und vorgegeben, jedoch werden die Gründe häufig nicht richtig erläutert und bleiben unverständlich für Management und Mitarbeitende. Es sei daher an dieser Stelle hervorgehoben, dass nicht der Einzelstückfluss das Ziel ist, sondern eine Methode, mit deren Hilfe die folgenden Ziele (besser) erreicht werden können:

- minimaler Platzbedarf (durch die Anordnung der Arbeitsstationen in minimalem Abstand)
- hohe Transparenz (z. B. Soll-Ist-Vergleiche zu Ausbringung oder zu Fehlern)
- optimales Umfeld für Standardarbeit (gleichmäßige Arbeitsbelastung im Takt, positive Routine)
- weniger Inventar (keine bzw. kleine Puffer zwischen den Stationen)
- minimale Durchlaufzeit (durch niedrigste Bestände und FiFo) und
- auf den Arbeitsinhalt optimierte Arbeitsplätze (nur notwendige Hilfsmittel und Werkzeuge werden vorgehalten und somit Suchzeiten oder Kosten reduziert)

Das wichtigste Ziel wird jedoch aus der Qualitäts- und Verbesserungsperspektive erreicht: Einzelstückfluss bietet ein optimales Umfeld für die schnelle Fehlererkennung, da keine Weitergabe großer Mengen erfolgt, sondern jedes Teil sofort geprüft und weiterverarbeitet wird. So werden Fehler und Defekte sofort gefunden und es kann ein umgehender Linienstopp erfolgen und Prozessverbesserungen können eingeleitet werden. Nebenbei kann gleichzeitig ein Lerneffekt für das Personal entstehen. Dies wäre nicht möglich, wenn getrennte Prozesse, große Bestände, räumliche Distanz oder verschiedene Schichtsysteme im Wertstrom vorherrschen würden. ■

5.2.3 Schritt 5: Prozessverbindungen festlegen

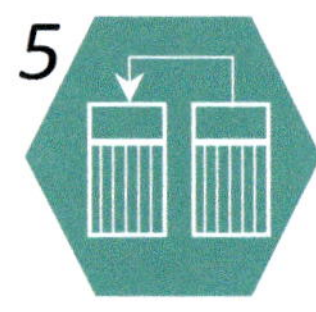

Die gebildeten Flussinseln sind in diesem Schritt zu verknüpfen. Dafür sind Pull-Systeme zu nutzen. Pull-Systeme stellen eine selbststeuernde Verbindung dar, bei denen der (interne) Kundenprozess dem vorgelagerten Prozess einen Bedarf signalisiert. So wird sichergestellt, dass nur die richtige, gerade benötigte Menge produziert wird. Folgende Pull-Systeme können unterschieden werden:

FiFo-System

Beim FiFo-Pull (auch sequenzieller Pull genannt) ist die Produktionsreihenfolge durch die Sequenz vorgegeben, die vom liefernden Prozess kommt. Lediglich die Erlaubnis zum Produzieren (als Pull-Signal) kommt vom nachgelagerten Prozess. Die Reihenfolge der eingesteuerten Aufträge ändert sich bei einer FiFo-Kopplung nicht. Zur Steuerung und Informationsübermittlung werden Pull-Signale eingesetzt. Ein Pull-Signal kann ein freier Stellplatz, eine Papierkarte oder eine Meldung in einem IT-System sein.

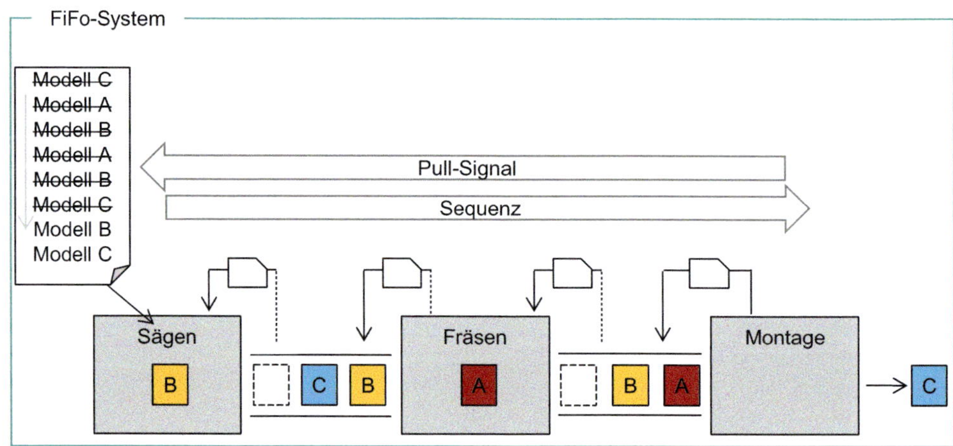

Supermarkt Systeme

Im Supermarkt-System kommen sowohl die Mengen- als auch die Typinformation vom nachgelagerten (Kunden-)Prozess. Dieser muss also über einen Produktionsplan oder ein anderes Pull-System gesteuert werden. Der Supermarkt bietet sich beispielsweise in einem Produktionsumfeld mit wenigen Varianten und hoher Stückzahl an. Supermärkte werden auch häufig zur Versorgung der Produktion mit Hilfsstoffen oder C-Teilen genutzt.

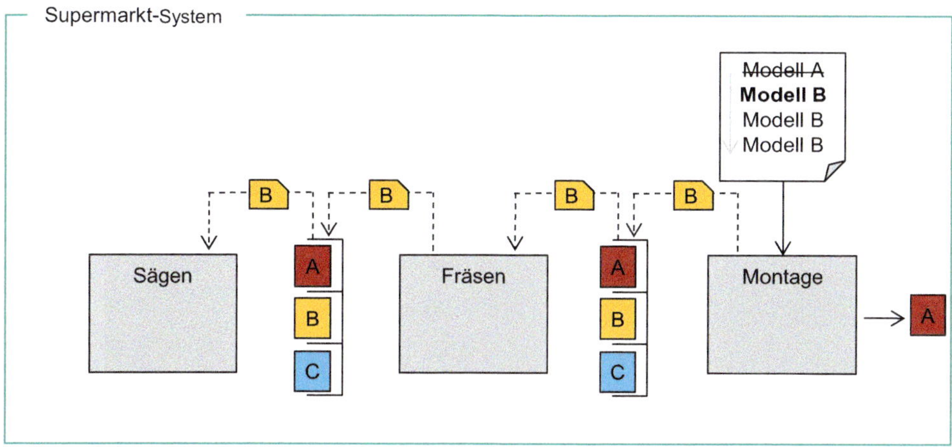

Mixed-Supermarkt Systeme

Hierbei werden FiFo- und Supermarkt-Systeme verbunden. In diesem System werden beispielsweise Renner oder Standard-Teile über ein Supermarkt-System gesteuert und Exoten bzw. kundenindividuelle Produkte über eine FiFo-Bahn.

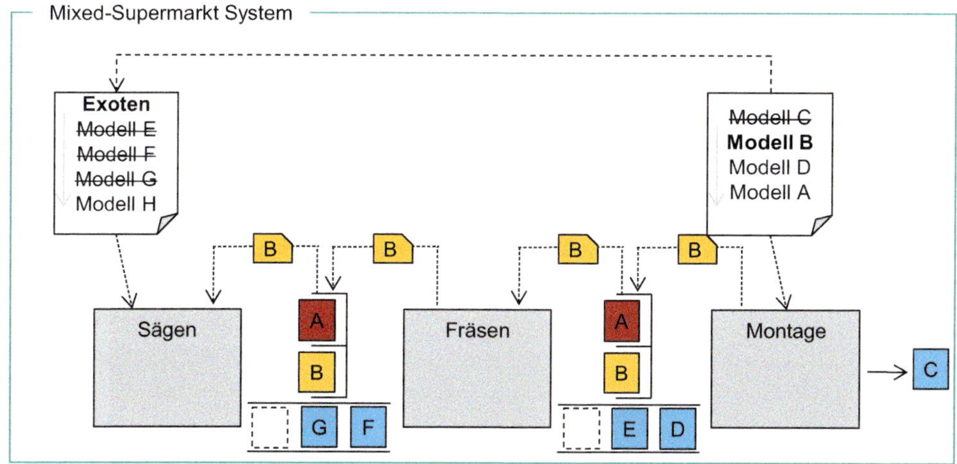

Die Eignung der vorgestellten Systeme in Bezug auf bestimmte Kriterien ist in der nachfolgenden Übersicht dargestellt. Damit wird eine Hilfestellung für die Auswahl der Prozessverknüpfungen geboten.

Kriterien	FIFO	Supermarkt	Mixed-Pull
Produktionsvolumen	gering	hoch	
Produktvarianz	hoch	gering	Die Nachfrageverteilung ist ca. 80 : 20
Nachfrage	stabil	variabel	
Prozessstabilität	hoch	gering	A B C 80% Menge 20% Varianten
Produktabmessungen	klein-groß	klein	
Haltbarkeit der Produkte	kurz	lang	E D 20% Menge 80% Varianten
DLZ Produktion zu DLZ Auftrag	DLZ Auftrag ~ DLZ Produktion	DLZ Auftrag < DLZ Produktion	
Stückkosten	hoch	gering	

Quelle: PTW TU-Darmstadt

Logistische Gestaltung von Prozessverbindungen

Zur logistischen Ausgestaltung der Verbindung zwischen Prozessen können vier Transportmöglichkeiten unterschieden werden: Die Werkerselbstversorgung, der Milkrun, der Direktverkehr und die starre Fördertechnik.

Bei einer Werkerselbstversorgung beschaffen sich die Mitarbeitenden in den Prozessen selbstständig das benötigte Material, d. h. sie holen es bei vorgelagerten Prozessen ab oder bringen es zum nächsten Prozess. Dies steht jedoch der prinzipiellen Trennung von Produktions- und Logistiktätigkeiten entgegen. Es sollte daher nur bei kurzen Transporten genutzt werden. Bei Milkrunsystemen erfolgt eine regelmäßige Belieferung verschiedener Stationen im zyklischen Verkehr auf festgelegten Routen. Der Direktverkehr stellt einen direkten Materialtransport zwischen zwei Prozessen her. Es ist damit eine 1:1-Beziehung zwischen Materialquelle und -senke. Einen Spezialfall bei den Transportmöglichkeiten stellt die starre Fördertechnik dar. Hierbei werden Prozesse durch technische Systeme fest miteinander verbunden, beispielsweise durch Transportbänder. Diese Verbindungen sind dadurch sehr inflexibel. Das Transportsystem sollte möglichst so gewählt werden, dass die Versorgung der Prozesse nach einem standardisierten Vorgehen erfolgt (beispielsweise zu festen Zeiten und auf festgelegten Routen), um Verschwendung zu reduzieren und Abweichungen zu erkennen. Dies ist beispielsweise bei der Werkerselbstversorgung i. d. R. nicht der Fall. Zur Einsteuerung kundenindividueller Teile kann der Direkttransport durch selbstnavigierende Transportroboter (sogenannte Automated Guided Vehicle) geprüft werden.[6]

Die folgende Übersicht fasst die Eignung der Transportsysteme in Abhängigkeit der Quelle-Senke-Beziehung von Prozessverbindungen zusammen. So können geeignete Transportsysteme ausgewählt werden.

Eigenschaften der Quelle-Senke-Beziehungen	Einsatzbereiche der Transportformen und Wertstromsymbol			
	Werkerselbstversorgung	Milkrun	Direktverkehr	Starre Fördertechnik
Transportstrecke	Sehr kurz	Mittel-Lang	Kurz-Mittel	Kurz-Mittel
Erlaubte Transportzeit	vernachlässigbar	lang	kurz	kurz
Transporteinheit (Größe)	KLT	KLT-(GLT)	(KLT)-GLT-SLT	KLT-GLT-(SLT)
Transporteinheit	Unter 15 kg	Unter 15 kg	Keine Restriktion	Keine Restriktion
(Gewicht)	Keine Restriktion	Regelmäßig planbar	Unregelmäßig	Regelmäßig planbar
Bedarfsstabilität	Hoch	Hoch	Mittel	Gering

Quelle: Kaiser (2021)

5.2.4 Schritt 6: Wertstromsteuerung festlegen

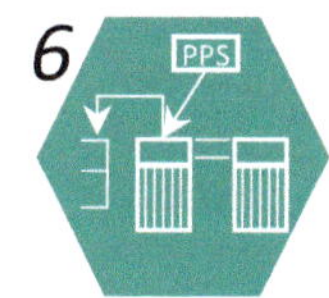

Im letzten Schritt des klassischen Wertstromdesigns ist der Punkt zur Einsteuerung der Produktionsaufträge festzulegen. Aufträge sollten möglichst nur an einem Punkt in den Wertstrom eingesteuert werden, dem sogenannten Schrittmacher. Dieser Einsteuerungspunkt teilt den Wertstrom in eine kundenanonyme Produktion (flussaufwärts) und eine auftrags- bzw. kundenspezifische Produktion (flussabwärts). Damit erfolgt die Steuerung der Prozesse, welche dem Schrittmacher vorgelagert sind, durch einen Supermarkt-Pull und den zugehörigen Produktions-Kanban. Die Prozesse, welche dem Schrittmacher nachfolgen, werden durch FiFo

[6] Vgl. Kaiser (2021)

gesteuert. Sie erhalten lediglich das nächste zu produzieremde Produkt in der Sequenz, welche am Schrittmacher festgelegt wurde. Die Wahl des Einsteuerungspunktes wird wesentlich durch die Fähigkeit von Prozessen beeinflusst, der Sequenz des Schrittmachers direkt und ohne zu große Rüstzeiten zu folgen. Gleichzeitig ist das gewählte Auftragsabwicklungsprinzip zu berücksichtigen. Für die Steuerung eines Eingineer-to-Order Wertstroms muss der Schrittmacher weit vorne im Wertstrom gewählt werden. Nachfolgende Prozesse sind dann mit einer FiFo-Kette bis hin zur Auslieferung des Produkts zu verbinden. Ein Make-to-Stock Wertstrom kann i. d. R. aus dem Fertigwarenlager über Supermarkt-Systeme gesteuert werden. Ein einzelner Einsteuerungspunkt im Wertstrom bringt verschiedene Vorteile mit sich:

- Der Koordinationsaufwand wird reduziert, da alle anderen Prozesse vom Schrittmacher-Prozess aus gesteuert werden.
- Arbeitsinkremente werden am Schrittmacher für den gesamten Wertstrom freigegeben.
- Vorgelagerte Prozesse produzieren nur, wenn der Schrittmacher ein Pull-Signal sendet.
- Nachfolgende Prozesse produzieren entsprechend der Sequenz, die vom Schrittmacher kommt.

Die Auftragsfreigabe am Schrittmacher sollte so erfolgen, dass Über- oder Unterlast an einzelnen Prozessen vermieden wird. Hierfür sollte eine Lastüberwachung bzw. Belastungsvorschau am Engpass des Wertstroms erfolgen. Für eine gleichmäßige Auslastung aller Prozesse sind unterschiedliche Varianten und Volumen möglichst gleichmäßig über einen definierten Planungszeitraum zu verteilen und am Schrittmacher einzulasten. Um einzelnen Prozessen mit unvermeidbaren Rüstzeiten das Zusammenfassen von Aufträgen zu Losen zu ermöglichen, kann mit frühesten Anfangs- und spätesten Ablieferzeitpunkten für Produktionsaufträge gearbeitet werden. Dies erlaubt es, Rüstverluste zu reduzieren und Taktzeitunterschiede auszugleichen und dennoch mit festen Durchlaufzeiten zu arbeiten.

Als Ergebnis der Schritte drei bis sechs ist das Soll-Konzept für den Produktfluss entwickelt. Alle Prozesse der Auftragsabwicklung sind definiert, ausgestaltet und über steuernde Elemente miteinander verbunden.

Möglichkeiten zur Verbesserung durch Automatisierung im indirekten Bereich

„Automatisierung" bedeutet, menschliche Arbeitskraft durch Maschinen und Anlagen zu ersetzten. Dies geschieht in der Produktion beispielsweise durch den Einsatz von Industrierobotern, fahrerlosen Transportsystemen oder automatisierten Anlagen. In indirekten Bereichen - v. a. solchen mit einem hohen Anteil an Routinetätigkeiten - ist der Einsatz automatischer Lösungen ebenso zu prüfen, um Potenziale im Hinblick auf die Prozessstabilität, Wiederholqualität und Durchlaufzeit der Auftragsabwicklung zu nutzen. Die Automatisierung im indirekten Bereich bedeutet, dass die Verarbeitung der Informationen nicht von einem Menschen, sondern von einer Software durchgeführt wird. Werden die beschriebenen Richtlinien zum Wertstromdesign 4.0 im indirekten Bereich berücksichtigt, werden Möglichkeiten zur Automatisierung strukturiert vorbereitet. Die Voraussetzung dazu ist die Eliminierung von Verschwendungen und die Standardisierung von Prozessen mit definierten Eingangs- und Ausgangsinformation. Besonders geeignet zur Automatisierung sind Prozesse die einen hohen Anteil an Standardarbeit und wenig Kreativität beinhalten. Für die Einbindung im Wertstromdesign 4.0 macht es keinen Unterschied, ob die Funktion bzw. Wertschöpfung eines Prozesses von einer Software oder von Personen in einer Abteilung erfüllt werden. Eingangs- und Ausgangsprodukte des Prozesses können unverändert bleiben, es kommt lediglich auf die entsprechende Transformation von Material und Information durch den Prozess an. ■

5.2.5 Schritt 7: Informationsbedarfe an die Prozesse bestimmen

Nachdem die Gestaltung des Produktflusses abgeschlossen ist, wird in diesem Schritt die Vernetzung des Wertstroms vorbereitet. Hierfür wird geprüft, welcher Prozess im Wertstrom im Zusammenhang mit einem, der in Phase III definierten Informationsbedarfe, steht und wie diese Informationsbedarfe erfüllt werden können.

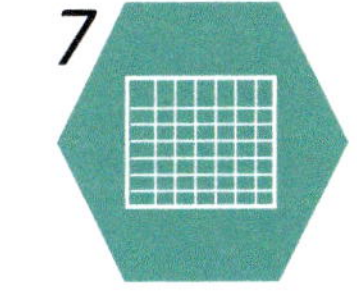

Hierzu wird die Informationsmatrix wieder aufgegriffen und vervollständigt. In die freien Spalten im Bereich „Prozesse im Wertstrom" werden alle zuvor definierten Prozesse und Prozessverbindungen des Wertstroms eingetragen. Anschließend wird für jeden definierten Informationsbedarf aus Phase I bewertet, welcher Prozess zur Erfüllung der Anforderung eine Information zu liefern hat. Besteht ein Zusammenhang zwischen einem definierten Informationsbedarf und einem Prozess im Wertstrom, so wird dies mit einem „Kreuz" an der entsprechenden Stelle gekennzeichnet.

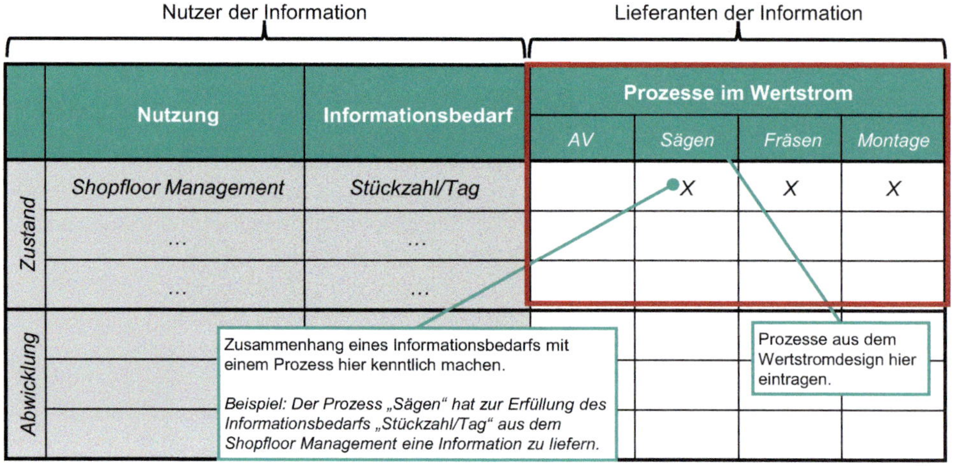

	Nutzung	Informationsbedarf	Prozesse im Wertstrom			
			AV	*Sägen*	*Fräsen*	*Montage*
Zustand	*Shopfloor Management*	*Stückzahl/Tag*		X	X	X
	...	...				
	...	...				
Abwicklung						

Nutzer der Information – Lieferanten der Information

Zusammenhang eines Informationsbedarfs mit einem Prozess hier kenntlich machen.

Beispiel: Der Prozess „Sägen" hat zur Erfüllung des Informationsbedarfs „Stückzahl/Tag" aus dem Shopfloor Management eine Information zu liefern.

Prozesse aus dem Wertstromdesign hier eintragen.

5.3 Phase V: Wertstrom vernetzen

Als Ergebnis der vierten Phase liegt das Prozessabbild des neuen Wertstroms vor. Die logistischen Verbindungen sowie seine Steuerung sind definiert. Daher kann nun in der fünften und letzten Phase der Wertstrom auch informationslogistisch vernetzt werden. Diese Vernetzung findet hinsichtlich der zwei Informationsarten statt (vgl. Kapitel 4.1):

- Auftragsabwicklungsinformationen: Diese Informationen benötigen Prozesse zur Erfüllung ihrer Funktionen im Rahmen der Auftragsabwicklung oder erzeugen sie für andere Prozesse, damit diese ihre Funktionen erfüllen können. Sie werden in Schritt 8 definiert.
- Zustandsinformationen: Entsprechende Informationen werden zur Umsetzung des Geschäftsmodells oder von den Funktionsbereichen zur Erfüllung ihrer Aufgaben und Ziele benötigt. Die Bedarfe für Zustandsinformationen wurden bereits in Phase III aufgenommen und den Prozessen des Wertstroms zugeordnet. Sie werden nun für jeden einzelnen Prozess in Schritt 9 konkretisiert.

Nachdem alle benötigten und zu liefernden Informationen definiert sind, erfolgt in Schritt 10 die abschließende Verknüpfung der Informationen im kompletten Wertstrom. Ziel dieser drei Schritte ist es, einen durchgängigen und verschwendungsfreien Informationsfluss zu erzeugen.

Die Methodenschritte 8–10 sind für alle Prozesse im Wertstrom, beginnend beim letzten Prozess, durchzuführen. Durch den Beginn beim letzten Prozess werden die Informationsflüsse bedarfsorientiert erfasst und der gesamte Wertstrom schrittweise informationslogistisch vernetzt. Das Vorgehen endet beim Startpunkt des Wertstroms: dem Kunden. Auch für den Kunden sind die zu liefernden Informationen zu definieren, die im Rahmen der Auftragsabwicklung vom Wertstrom benötigt werden. Dies erfolgt mit dem Ziel, Rückfragen zu vermeiden und eine effiziente Anbindung des Kunden an die Auftragsabwicklung zu gewährleisten.

Die nachfolgende Abbildung zeigt zusammenfassend die Gestaltungsrichtungen, aus denen sich die Informationsflüsse im Wertstromdesign 4.0 ableiten.

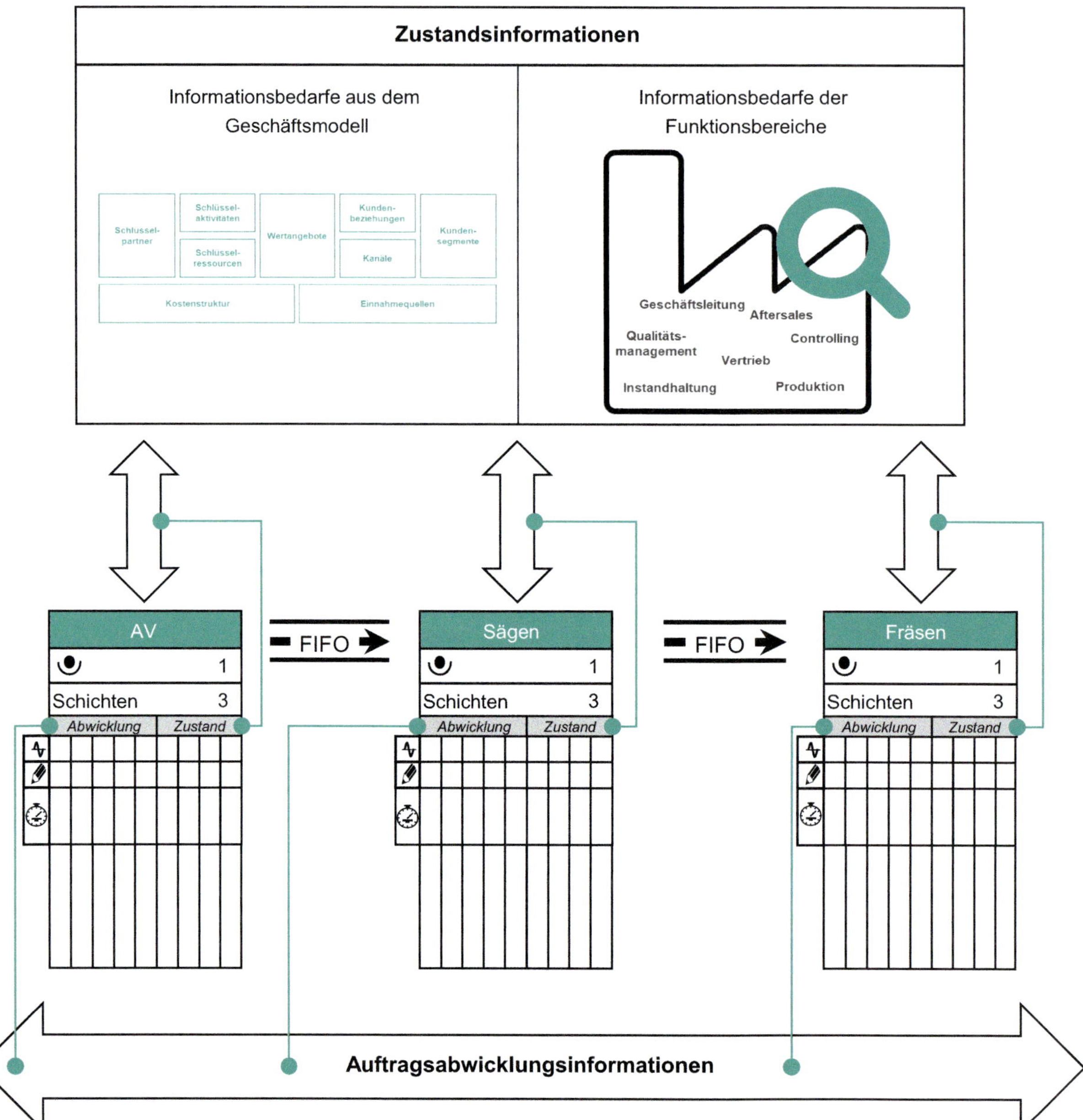
Zustandsinformationen
Informationsbedarfe aus dem Geschäftsmodell
Schlüssel-partner
Schlüssel-aktivitäten
Schlüssel-ressourcen
Wertangebote
Kunden-beziehungen
Kanäle
Kunden-segmente
Kostenstruktur
Einnahmequellen
Informationsbedarfe der Funktionsbereiche
Geschäftsleitung
Aftersales
Qualitäts-management
Controlling
Vertrieb
Instandhaltung
Produktion
AV
1
Schichten 3
Abwicklung
Zustand
FIFO
Sägen
1
Schichten 3
Abwicklung
Zustand
FIFO
Fräsen
1
Schichten 3
Abwicklung
Zustand
Auftragsabwicklungsinformationen

5.3.1 Schritt 8: Auftragsabwicklungsinformationen ermitteln

Ziel dieses Methodenschritts ist es, alle notwendigen Informationen, die Prozesse zur Erfüllung ihrer Funktionen, Tätigkeiten und Aufgaben im Wertstrom benötigen, zu identifizieren und zu definieren. Dazu sind die Prozesse hinsichtlich ihrer Informationsbedarfe zu analysieren. Informationsbedarfe können beispielsweise Auftragsdaten oder Montageanweisungen sein.

Die Informationsbedarfe der Prozesse sind wiederum von anderen Prozessen (oder dem Kunden) zu erfüllen und müssen somit bei deren Gestaltung berücksichtigt werden. Daher werden in diesem Methodenschritt nicht nur die Informationen definiert, die der Prozess selbst benötigt, sondern auch die Informationen bestimmt, die er für andere Prozesse zur Erfüllung deren Aufgaben erzeugen und bereitstellen muss. Zusammengefasst sind die beiden folgenden Fragen zu beantworten:

- Welche Informationen benötigt der Prozess, um seine Funktionen und Aufgaben im Rahmen der Auftragsabwicklung zu erfüllen?
- Welche Informationen muss der Prozess für andere Prozesse erzeugen, damit diese ihre Funktionen und Aufgaben erfüllen können?

Die ermittelten Informationsbedarfe sind in die Prozessbox (Bereich Abwicklung) aufzunehmen. Im angeführten Beispiel benötigt der Prozess zur Erfüllung seiner Funktionen die Auftragsdokumente und den NC-Programmcode.

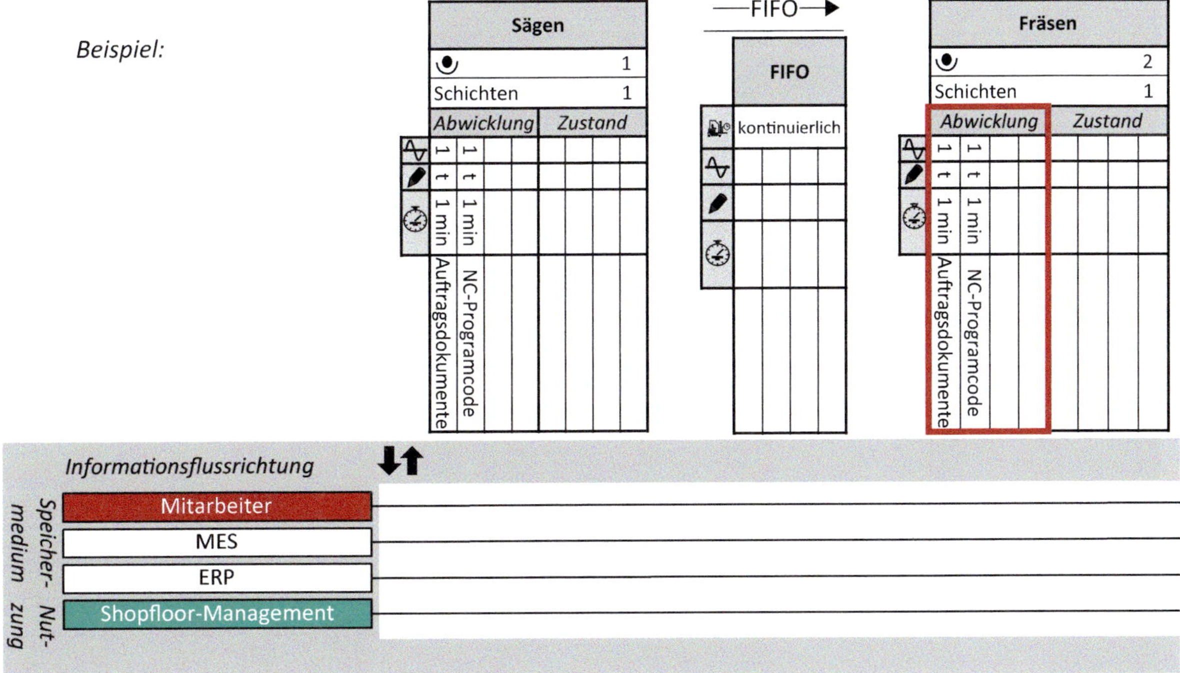

Als Hilfsmittel zum Design der „horizontalen“ Vernetzung des Wertstroms wird die Informationsmatrix genutzt. Die Informationsbedarfe eines Prozesses werden hier den jeweiligen Informationsquellen zugeordnet. Hierfür wird der Prozess mit seinen Informationsbedarfen in die Informationsmatrix aufgenommen und durch ein „X“ mit dem liefernden Prozess verknüpft.

Die Informationsbedarfe des Prozesses Fräsen aus dem angeführten Beispiel sind von der Arbeitsvorbereitung (AV) zu erstellen. Sie werden, wie in der Abbildung dargestellt, in die Informationsmatrix aufgenommen.

	Nutzung	Informationsbedarf	Prozesse im Wertstrom			
			AV	*Sägen*	*Fräsen*	*Montage*
Zustand	*Shopfloor Management*	*Stückzahl/Tag*		X	X	X
	…	…				
	…	…				
Abwicklung	…	…				
	Fräsen	*Auftragsdokumente*	X			
	Fräsen	*NC-Programmcode*	X			

Prozesse im Wertstrom mit Informationsbedarfen hier aufnehmen.

Informationsbedarfe der Prozesse hier eintragen.

Lieferant der Informationen hier kenntlich machen.

Anschließend sind die Informationen zu bestimmen, die der Prozess für andere Prozesse im Wertstrom bereitzustellen hat. Sie können aus der Informationsmatrix ermittelt werden. Die Kreuze in der Spalte des betrachteten Prozesses zeigen hierin die zu liefernden Informationen an. Sie sind in die Prozessbox (Bereich Abwicklung) in der Wertstromkarte aufzunehmen.

Der zuvor betrachtete Prozess Fräsen ist jedoch kein Lieferant von Informationen für anderen Prozesse. In der Spalte der Informationsmatrix finden sich keine Verknüpfungen („X“).

Identifikation **zu liefernder Auftragsabwicklungsinformationen** aus der Spalte des Prozesses (Bereich Abwicklung).

	Nutzung	Informationsbedarf	Prozesse im Wertstrom			
			AV	*Sägen*	*Fräsen*	*Montage*
Zustand	*Shopfloor Management*	*Stückzahl/Tag*		X	X	X
	...	...				
	...	...				
Abwicklung	...	...				
	Fräsen	*Auftragsdokumente*	X			
	Fräsen	*NC-Programmcode*	X			
	...	...				

Zur Verdeutlichung der Identifikation von zu liefernden Informationen in der Auftragsabwicklung sei hier der Prozess Arbeitsvorbereitung (AV) angeführt. Wird dieser in der weiteren Methodenanwendung gestaltet, so finden sich Kreuze in der entsprechenden Spalte. Diese zeigen an, dass die Auftragsdokumente und der NC-Programmcode für den Fräsprozess zu erstellen sind. Die so identifizierten Informationen sind dann wiederum in die Prozessbox des Prozesses Arbeitsvorbereitung in der Wertstromkarte aufzunehmen.

Ist dieser Methodenschritt für alle Prozesse im Wertstrom abschließend durchgeführt sollte nochmals geprüft werden, ob allen identifizierten Informationsbedarfen das passende Informationsangebot gegenübersteht.

5.3.2 Schritt 9: Zustandsinformationen definieren

Anschließend erfolgt das Design des Zustandsinformationsflusses. Die Bedarfe für Zustandsinformationen entstehen aus dem Geschäftsmodell bzw. in Funktionsbereichen (wie beispielsweise dem Shopfloor Management). Sie wurden bereits in Phase III aufgenommen.

Im Rahmen dieses Methodenschritts wird die folgende Leitfrage für den aktuell betrachteten Prozess beantwortet:

> Welche Informationen muss der Prozess erzeugen und bereitstellen, um die informationslogistischen Anforderungen aus dem Geschäftsmodell und den Funktionsbereichen zu erfüllen?

Die zu liefernden Zustandsinformationen können aus der Spalte des jeweils betrachteten Prozesses in der Informationsmatrix ermittelt werden. Sie werden in die Prozessbox (Bereich Zustand) in der Wertstromkarte eingezeichnet.

Im betrachteten Beispiel hat der Prozess Fräsen Informationen über produzierte Mengen für das Shopfloor Management bereitzustellen.

Identifikation **zu liefernder Zustandsinformationen** aus der Spalte des Prozesses (Bereich Zustand).

	Nutzung	Informationsbedarf	Prozesse im Wertstrom			
			AV	Sägen	Fräsen	Montage
Zustand	Shopfloor Management	Stückzahl/Tag ←		X	X	X
	…	…				
	…	…				
Abwicklung	…	…				
	Fräsen	Auftragsdokumente	X			
	Fräsen	NC-Programmcode	X			
	…	…				

Beispiel:

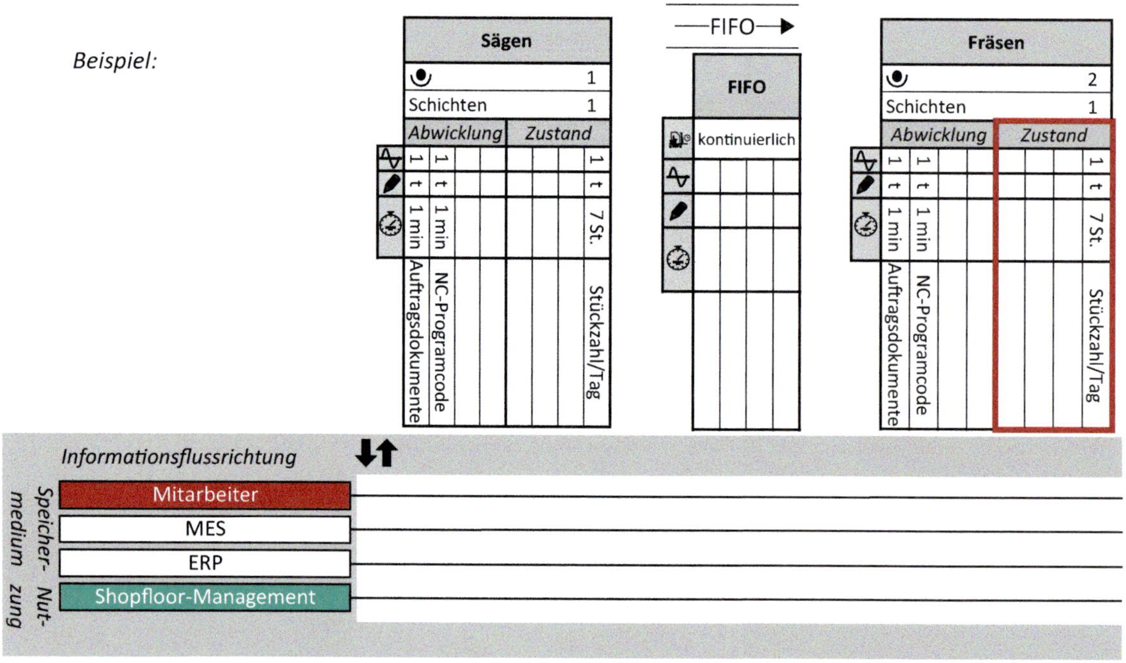

5.3.3 Schritt 10: Informationsflüsse festlegen

Nun können die definierten Informationen der einzelnen Prozesse miteinander verknüpft werden. Dies geschieht über Speichermedien und IT-Systeme. Ziel hierbei ist es, das Informationsanbot und die Informationsnachfrage möglichst effizient und verschwendungsfrei zusammenzubringen.

In der Wertstromkarte werden dazu die definierten Informationsbedarfe und Informationsangebote des Prozesses mit der horizontalen Linie des entsprechenden Speichermediums verbunden über das sie abgerufen bzw. abgespeichert werden sollen. Ein Knotenpunkt ist an dem Schnittpunkt der Linien zu setzen. Jede vertikale Verbindungslinie stellt somit einen Informationsabruf oder eine Informationserfassung dar. Ist kein passendes Speichermedium bzw. IT-System definiert oder im Unternehmen vorhanden, muss ggf. ein neues System eingeführt werden.

Darüber hinaus ist festzulegen, wofür die Informationen genutzt werden. Jeder Information sollte immer eine konkrete Nutzung gegenüberstehen. Die Nutzung einer Information wird durch eine vertikale gestrichelte Linie gekennzeichnet, die das Speichermedium mit der Nutzung verbindet. Auch hier gilt: Falls die hierzu notwendige Nutzenlinie in der Wertstromkarte fehlt, ist diese zu ergänzen.

Mit diesem abschließenden Schritt 10 werden die Prozesse im Wertstrom informationslogistisch verknüpft. Ist dieser Schritt für alle Prozesse durchgeführt worden, entsteht ein neues Zielbild für den Wertstrom. Die nun vorliegende Wertstromkarte dient als Grundlage für die anschließende Realisierung des Wertstroms.

Beispiel:

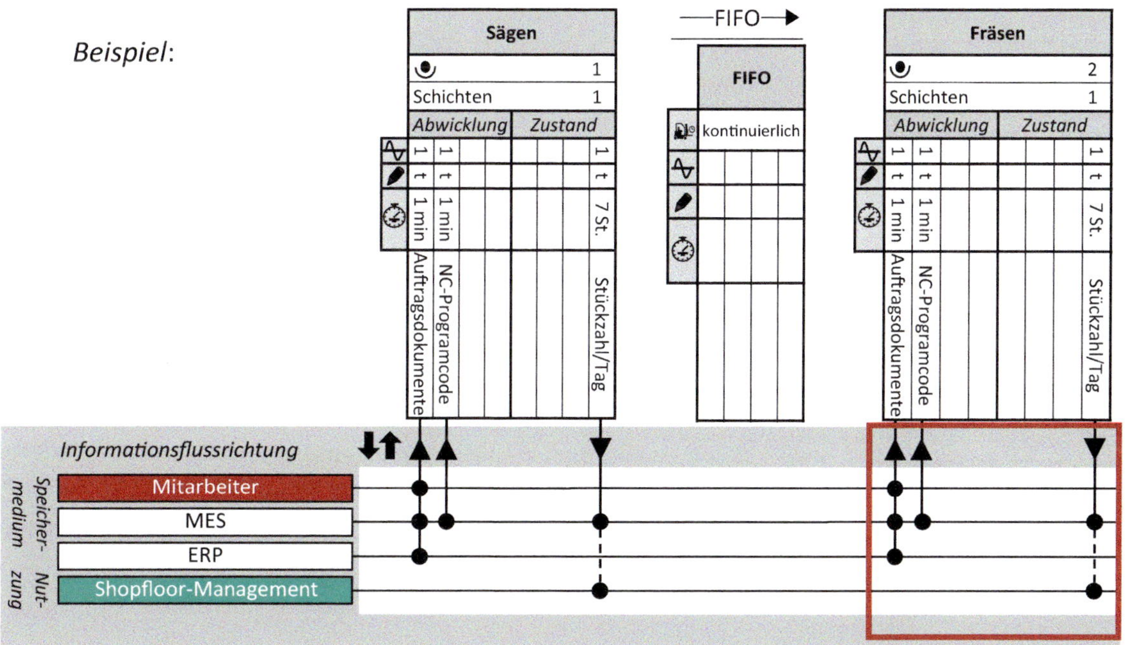

5.3.4 Praxisbeispiel – Anwendung der Wertstromdesign 4.0 – Pumpen AG

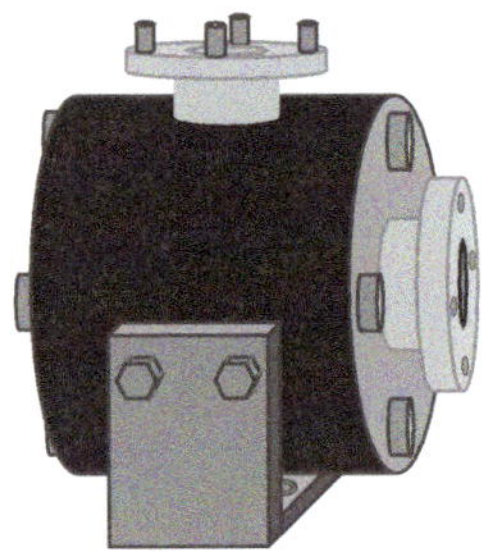

Im Zuge der Geschäftsmodellentwicklung hat die Pumpen AG festgelegt, zukünftig nur noch Bestellungen über ein eigens entwickeltes online Portal aufzunehmen. Dieses Portal ist mit einer Konfigurationssoftware verknüpft, um es den Kunden zu ermöglichen, ihre Produkte selbstständig erstellen zu können. Der Vorteil für die Kunden ist, dass sie bei der Produktplanung angeleitet und alle notwendigen Informationen abgefragt werden. Somit kann direkt eine Rückmeldung über die Machbarkeit des gewünschten Produkts gegeben werden. Für die Pumpen AG hat dies zum Vorteil, dass Abstimmungsaufwände entfallen und alle notwendigen Informationen standardisiert erfasst und übermittelt werden. Damit können diese auch im Unternehmen effizient und automatisiert verarbeitet werden. ■

Bei der Definition von Anforderungen der Funktionsbereiche zeigt sich, dass bei der Pumpen AG im Wesentlichen das *Shopfloor Management* und das *Qualitätsmanagement* Informationen aus dem Wertstrom benötigt. Beide Bereiche möchten aus den direkten Bereichen Informationen über Rüstzeiten, Stückzahlen, Ausschuss und Zykluszeiten. Für den Drehprozess soll zusätzlich noch eine OEE erfasst werden. In den indirekten Bereichen sollen ebenfalls die Stückzahlen sowie die Zykluszeiten erfasst werden.

Im Produktfluss der Pumpen AG können sowohl im direkten als auch im indirekten Bereich Prozess integriert und FIFO-Systeme als Prozessverbindungen implementiert werden. Im direkten Bereich entsteht dabei ein Prozess, der sowohl die *Montage* als auch die *Verpackung* der Produkte übernimmt. Im indirekten Bereich lässt sich die Prozessintegration im Wesentlichen durch die Nutzung der Konfigurationssoftware realisieren. Hierdurch entfallen umfangreichere manuelle Programmieraufwände. Diese können in einem neu gestalteten *Konstruktionsprozess* durch automatisierte Verarbeitung der Konstruktionsdaten aus der Bestellung integriert werden.

Hinsichtlich der Gestaltung der Informationsflüsse bestand bei der Pumpen AG besonders Verbesserungspotenzial durch die vielfältigen Systeme zur Bestellung der Produkte sowie fehlenden Schnittstellen zwischen den verschiedenen Speichermedien und den damit einhergehenden manuellen Informationsübertragungen. Bestellungen werden zukünftig über definierte Schnittstellen zwischen den Speichermedien übertragen und bearbeitet. Die Konstruktion nutzt die vom Kunden konfigurierten Bauteile um hieraus mittels Konfigurator den individuellen Programmcode für den *Drehprozess* sowie entsprechende Stücklisten für die *Montage* zu erzeugen. Dazu wurde ein CAD/CAM-System implementiert. Auftragsdaten und Stücklisten können sich die Produktionsprozesse direkt aus dem ERP-System abrufen, wodurch die Papierdokumente entfallen. Über das ERP-System werden auch die, von den Funktionsbereichen erwünschten, Informationen bereitgestellt. Auf der nachfolgenden Seite ist das Ergebnis zu sehen. In voller Größe finden Sie es auf *plus.hanser-fachbuch.de*.

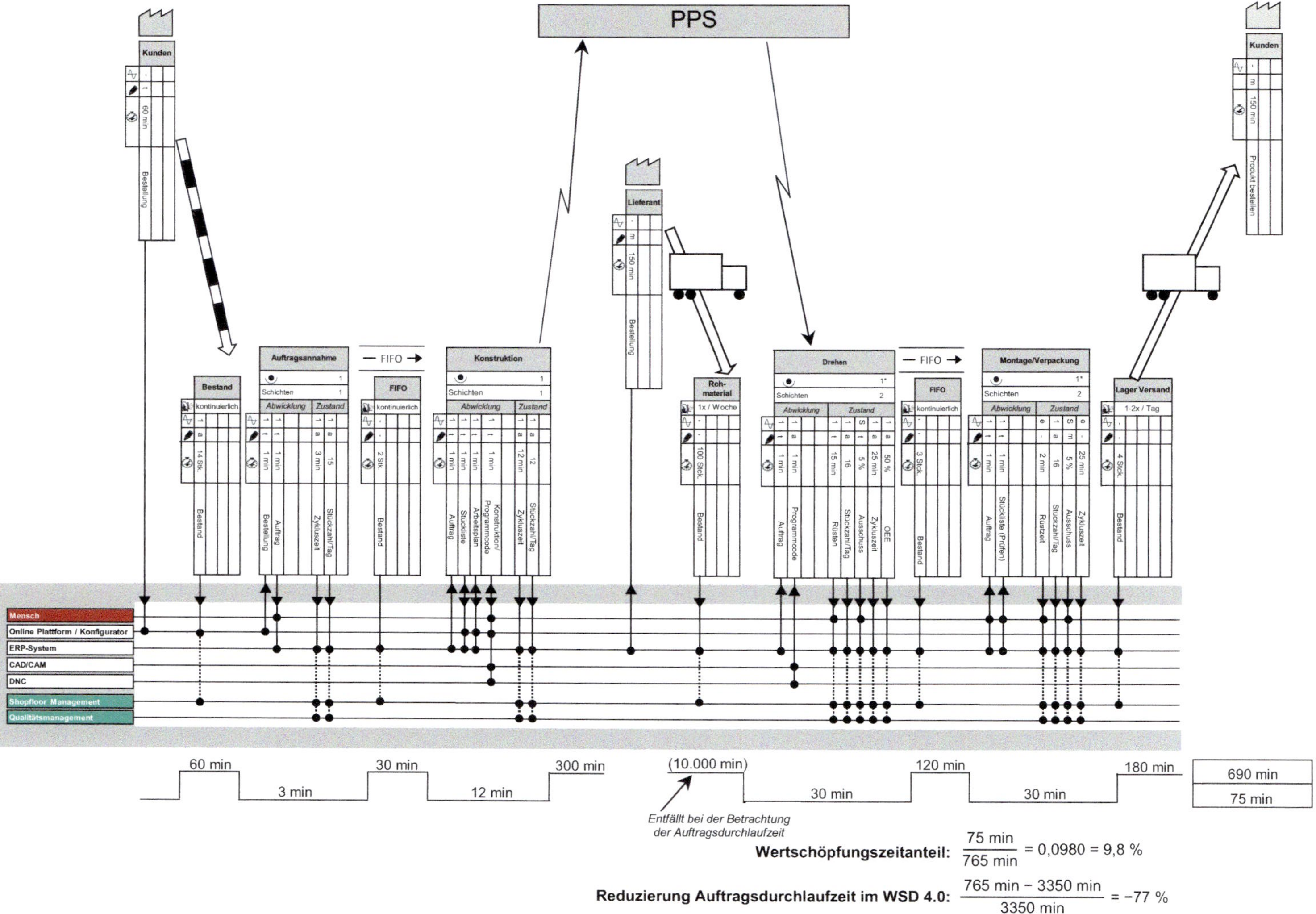

Die Wertstromkarte 4.0 finden Sie in voller Größe auf *plus.hanser-fachbuch.de.*

5.4 Was wurde mit dem Wertstromdesign 4.0 erreicht?

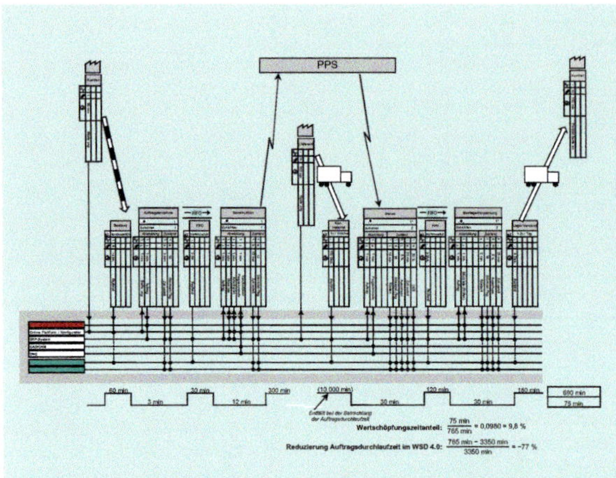

Entwicklung eines neuen Sollzustands

Dieser Sollzustand umfasst sowohl den kompletten Wertstrom (inkl. Auftragsabwicklung) als auch die (nicht-steuernden) Informationsflüsse. Damit sind alle Bestandteile eines Wertstroms definiert.

Verbindung von Geschäftsmodell und Wertstrom

Das Geschäftsmodell wurde durchgängig bei der Gestaltung des W ertstroms berücksichtigt. Aus dem Wertstrom lässt sich damit ein strategischer Wettbewerbsvorteil erzeugen oder Anforderungen an Prozesse durch neue Geschäftsmodelle umsetzen.

Schlüssel-partner
Schlüssel-aktivitäten
Schlüssel-ressourcen
Wert-angebote
Kunden-beziehungen
Kanäle
Kunden-segmente
Kostenstruktur
Einnahmequellen

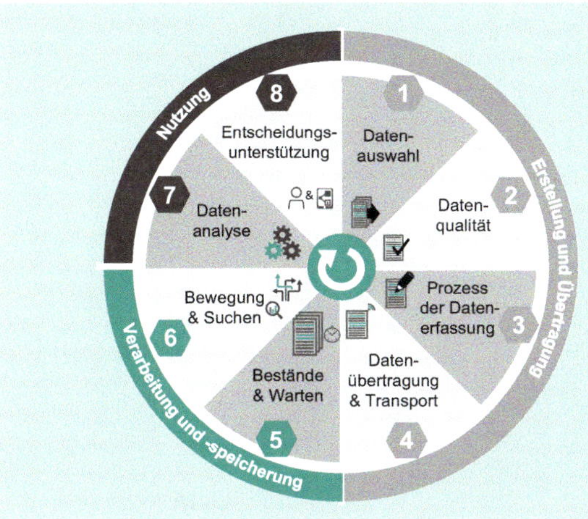

Verschwendungen in der Informationslogistik reduziert

Das systematische Vorgehen und die nutzenorientierte Definition von Informationsflüssen tragen dazu bei, dass Verschwendungen in informationslogistischen Prozessen reduziert und vermieden werden.

Ausgangsbasis für die Umsetzung

Der definierte Sollzustand dient als Ausgangspunkt für die Wertstromplanung. Es können Folgeprojekte definiert und Details ausgestaltet werden.

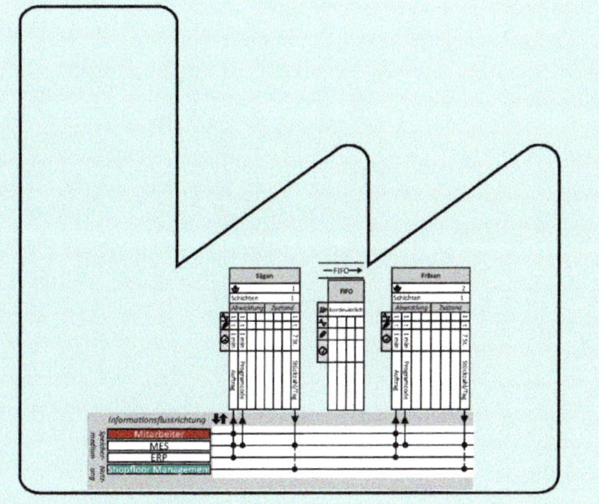

Nutzung als Kommunikationsinstrument

Die Darstellung des neuen Sollzustands kann als Kommunikationsinstrument genutzt werden. Auf dieser Basis lassen sich auch Gestaltungsalternativen diskutieren und vergleichen.

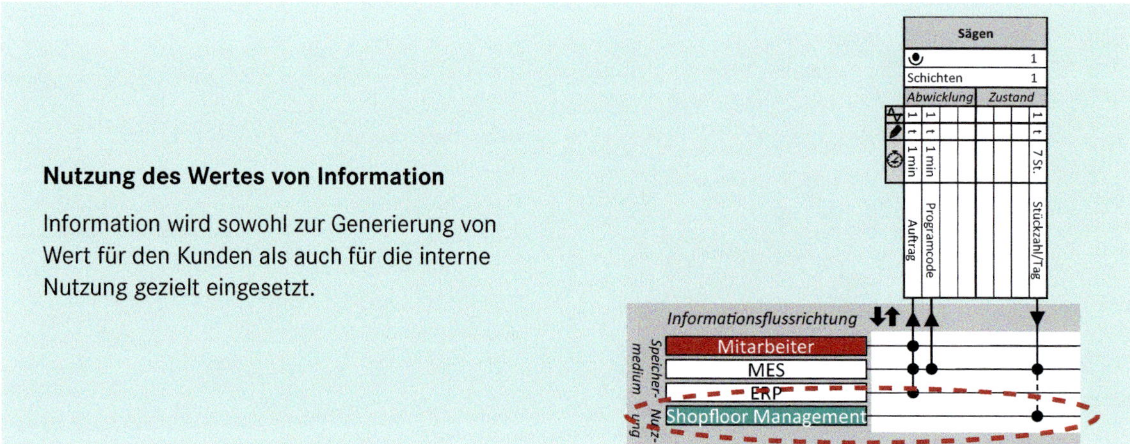

Nutzung des Wertes von Information

Information wird sowohl zur Generierung von Wert für den Kunden als auch für die interne Nutzung gezielt eingesetzt.

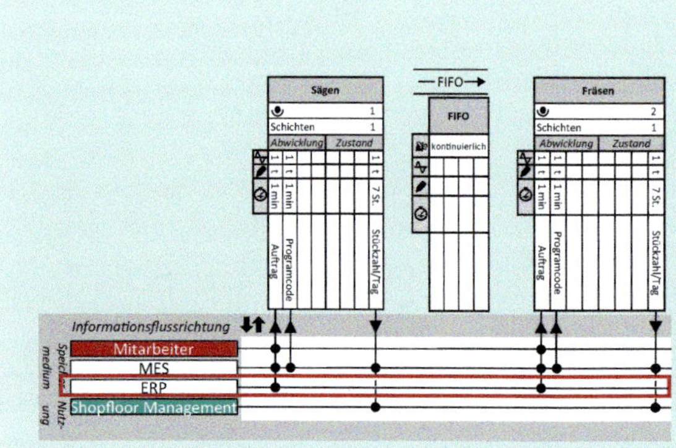

Potenziale der Digitalisierung und Vernetzung von Prozessen

Potenziale durch eine Digitalisierung und Vernetzung von Prozessen können mit der grafischen Darstellung visualisiert werden. Es wird ersichtlich, wo und für was Informationen benötigt werden.

6 Anhang und Symbole

6.1 Kennzahlen zur informationslogistischen Verschwendungsanalyse

Mit der WSA4.0 und dem WSD4.0 lassen sich Informationsflüsse analysieren, gestalten und auch vergleichen. Somit lässt sich die Verbesserung der Informationsflüsse eines Wertstroms messbar machen. Wir schlagen dazu drei Kennzahlen vor, die nachfolgend beschrieben werden: Die Digitalisierungsrate, die Datenverfügbarkeit und die Datennutzung.[1]

6.1.1 Erweiterte Wertstromkennzahlen – Digitalisierungsrate

Mit dieser Kennzahl werden alle erfassten Informationsflüsse im Wertstrom **hinsichtlich einer direkten digitalen Erfassung und Verarbeitung** bewertet. Das Ziel ist es zu messen, ob ohne Interaktion mit analogen Speichermedien verarbeitet werden können. Dazu wird jede Informationsverarbeitung (Speichern oder Auslesen) im Wertstrom betrachtet (Tätigkeiten und die erfassten KPIs). Sind die Informationsflüsse eines Elements komplett digital verarbeitet, so sind diese als „digitaler Informationspunkt“ definiert (siehe der Zähler in Formel). Die Informations-flüsse, die aktuell mit digitalen oder analogen Speichermedien interagieren, werden als „alle Informationspunkte“ zusammengefasst (siehe der Nenner in Formel). Die Digitalisierungsrate errechnet sich als Quotient aus den „digitalen Informationspunkten“ und „allen Informations-punkten“. Diese KPI ist immer kleiner gleich 100 %.

Dabei können zwei Perspektiven eingenommen werden: Sie können die Kennzahl für den Gesamtwertstrom und für jeden Prozess/Logistikelement einzeln berechnen.

[1] Hier und im Folgenden: Meudt (2020); Meudt, Metternich, Abele (2017)

Gesamter Wertstrom:

Aus der Digitalisierungsrate – Wertstromsicht lässt sich ein Gesamtbild eines Wertstroms erkennen. Sie können ebenfalls Wertströme miteinander vergleichen, im Sinne eines Best-Practice für zukünftige Verbesserungsvorhaben oder zur Bewertung der Verbesserung nach der Umsetzung des Wertstromdesigns 4.0.

Einzelne Prozesse/Logistikelemente:

Die Digitalisierungsrate wird für jeden Prozess und jedes Logistikelement einzeln berechnet. Sortieren Sie die Werte in aufsteigender Reihenfolge, um die Potentiale einer Digitalisierung ablesen zu können (das Kosten-Nutzen-Verhältnis ist ebenfalls zu beachten).

Auf der nächsten Seite sind die Formeln und ein Beispiel dargelegt.

$$Digitalisierungsrate\left(Element_x\right) = \frac{\sum_1^n digitaler\ Datenpunkt_i}{\sum_1^n alle\ Datenpunkte_i} * 100\ [\%]$$

$$Digitalisierungsrate_{Wertstrom} = \frac{\sum_1^m Digitalisierungsrate\left(Element_x\right)}{\sum_1^m \left(Element_x\right)}\ [\%]$$

mit:

- Element — Prozessschritt oder Logistikelement
- digitaler Informationspunkt — Informationen in Form von KPIs und Tätigkeiten, die in einem Wertstromelement aufgenommen werden, ohne, dass ein Medienbruch durch ein analoges Speichermedium verursacht wurde
- alle Informationspunkte — Informationen in Form von KPIs und Tätigkeiten, die in einem Wertstromelement aufgenommen werden, unabhängig vom Speichermedium

Beispiel:

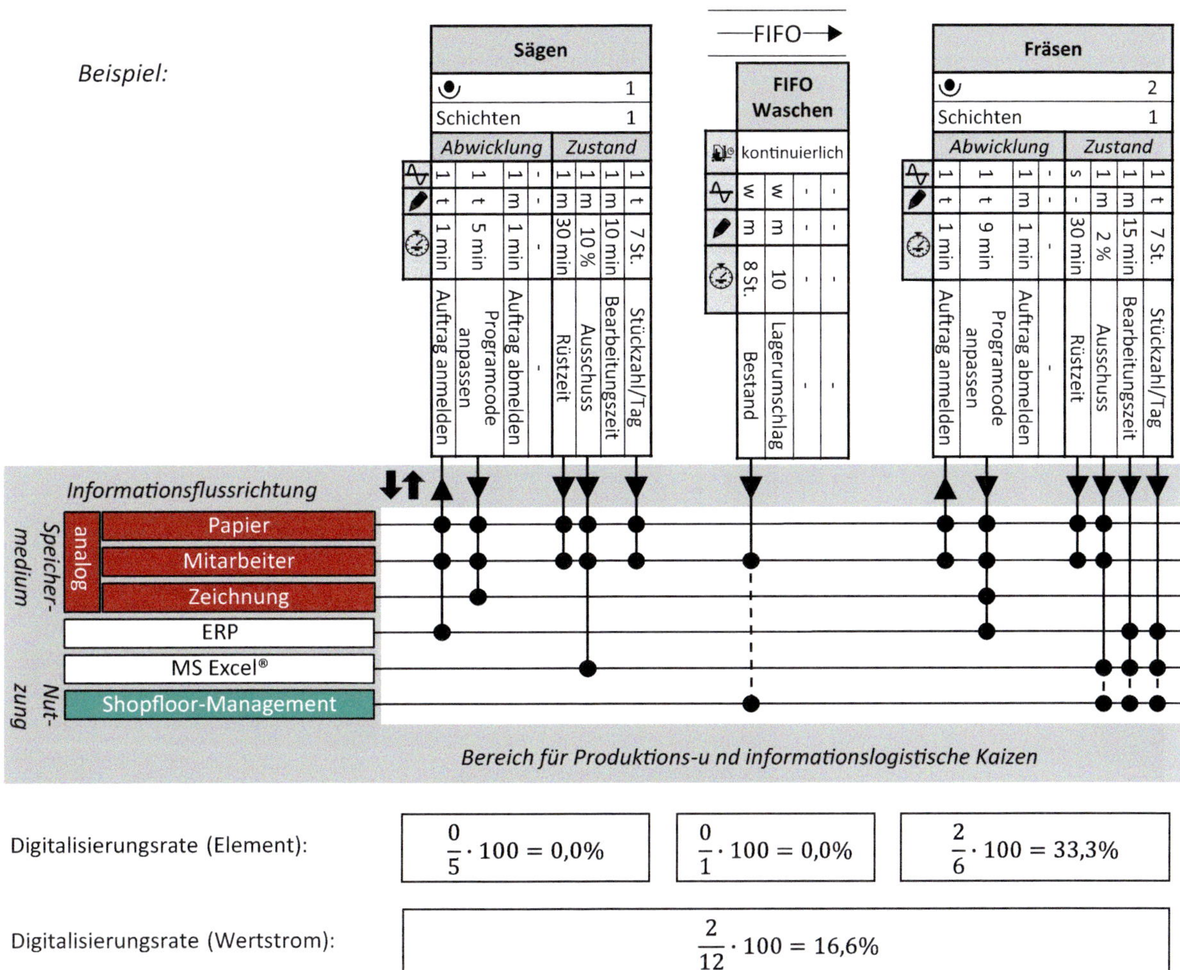

6.1.2 Erweiterte Wertstromkennzahlen – Datenverfügbarkeit

Mit der Kennzahl Informationsverfügbarkeit wird betrachtet, wie viele der vom Wertstromteam festgelegten KPIs in den Prozessen und Logistikelementen Ihres Wertstroms tatsächlich erfasst werden. Es werden allerdings nur die Kennzahlen berücksichtigt (Kennzahl erfasst), die zu den festgelegten KPIs (Kennzahl geplant) dazu gehören. Mit dieser Festlegung wird vermieden, dass beliebige KPIs erfasst werden, um einen hohen Prozentwert der Informationsverfügbarkeit zu erlangen.

Diese Kennzahl ist unabhängig von der Anzahl der genutzten Speichermedien.

Mit dieser Kennzahl kann somit gemessen werden, ob und wie viele der festgelegten Kennzahlen in einem Wertstromelement erfasst werden. Ein hoher Prozentwert der Informationsverfüg-barkeit kann einen kontinuierlichen Verbesserungsprozess in Unternehmen unterstützen und ermöglicht Entscheidungsprozesse problemorientiert voranzutreiben. Mit dieser Kennzahl kann somit gemessen werden, ob und wie viele der festgelegten Kennzahlen in einem Wertstromelement erfasst werden. Ein hoher Prozentwert der DA kann einen kontinuierlichen Verbesserungsprozess in Unternehmen unterstützen und ermöglicht Entscheidungsprozesse problemorientiert voranzutreiben.

$$Informationsverfügbarkeit - Prozess\_x = \frac{\sum_{1}^{n} KPIs\_erfasst_i}{\sum_{1}^{n} KPIs\_geplant_i} * 100\,[\%]$$

mit

- KPIs_erfasst Tatsächlich am Prozess erfasste KPIs
- KPIs_geplant Anzahl der KPIs, die am Prozess erfasst werden sollen (zuvor in Schritt 1 der WSA4.0 Methode festgelegt)

Beispiel:

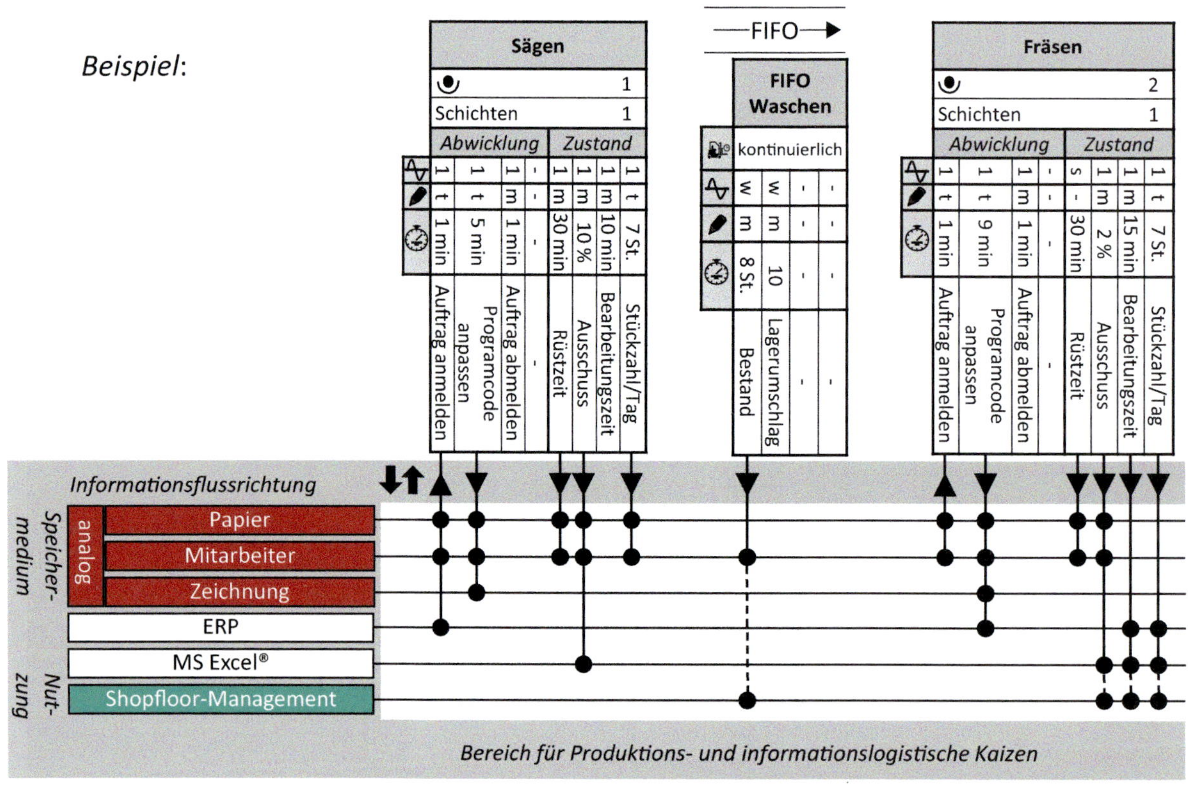

Informationsverfügbarkeit (Element):

$\frac{3}{4} \cdot 100 = 75{,}0\%$ | $\frac{1}{2} \cdot 100 = 50{,}0\%$ | $\frac{4}{4} \cdot 100 = 100{,}0\%$

6.1.3 Erweiterte Wertstromkennzahlen – Informationsnutzung

Diese Kennzahl steht im direkten Bezug zur Kennzahl Informationsverfügbarkeit und misst, wie viele der erfassten KPIs auch genutzt werden. Beispiele für die Nutzung von Informationen sind Shopfloormanagement, das automatisierte Ableiten von Entscheidungen oder der Einsatz zu Dokumentationszwecken. Wird ein Datenpunkt mehrfach genutzt, so wird diese Nutzung im Rahmen der Berechnung der Kennzahl DU nur einfach gewertet. Damit wird eine Fehlinterpretation der Kennzahl vermieden. Niedrige Werte dieser Kennzahlen sind ein Indiz dafür, dass bspw. ein SFM oder kennzahlengetriebene Verbesserungsprojekte aus dem SFM nicht durchgeführt werden.

$$Informationsnutzung\left(Element\_x\right)=\frac{\sum_{1}^{n}KPI\_erfasst\ \&\ genutzt_{i}}{\sum_{1}^{n}KPI\_geplant_{i}}*100\left[\%\right]$$

mit:

- Element — Prozessschritt oder Logistikelement
- KPI erfasst & genutzt — erfasste KPIs aus der Menge der geplanten KPIs des Wertstromelements, die auch genutzt wird
- Kennzahl geplant — Kennzahlen, die bei einem Wertstromelement erfasst werden sollen (in Schritt 1 festgelegt)

Beispiel:

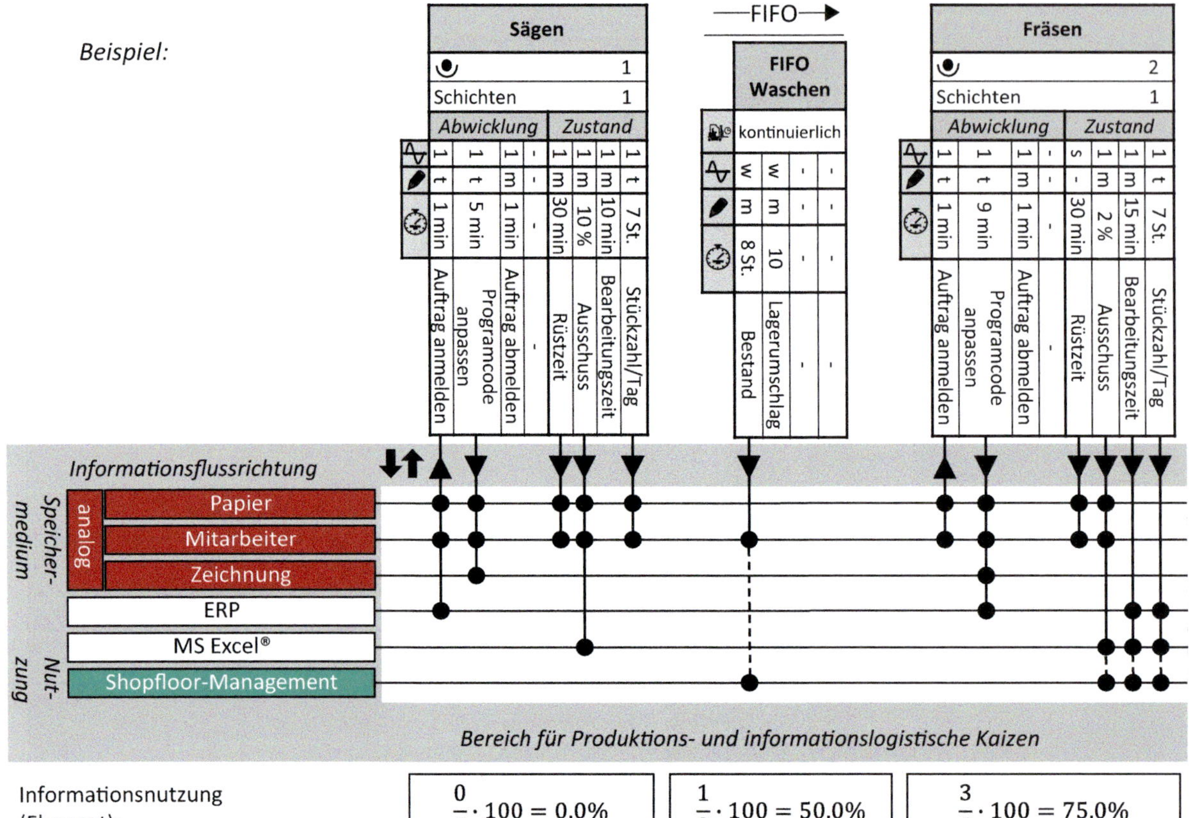

Informationsnutzung (Element):

$\frac{0}{4} \cdot 100 = 0{,}0\%$ $\frac{1}{2} \cdot 100 = 50{,}0\%$ $\frac{3}{4} \cdot 100 = 75{,}0\%$

6.2 Wertstrom-Symbole

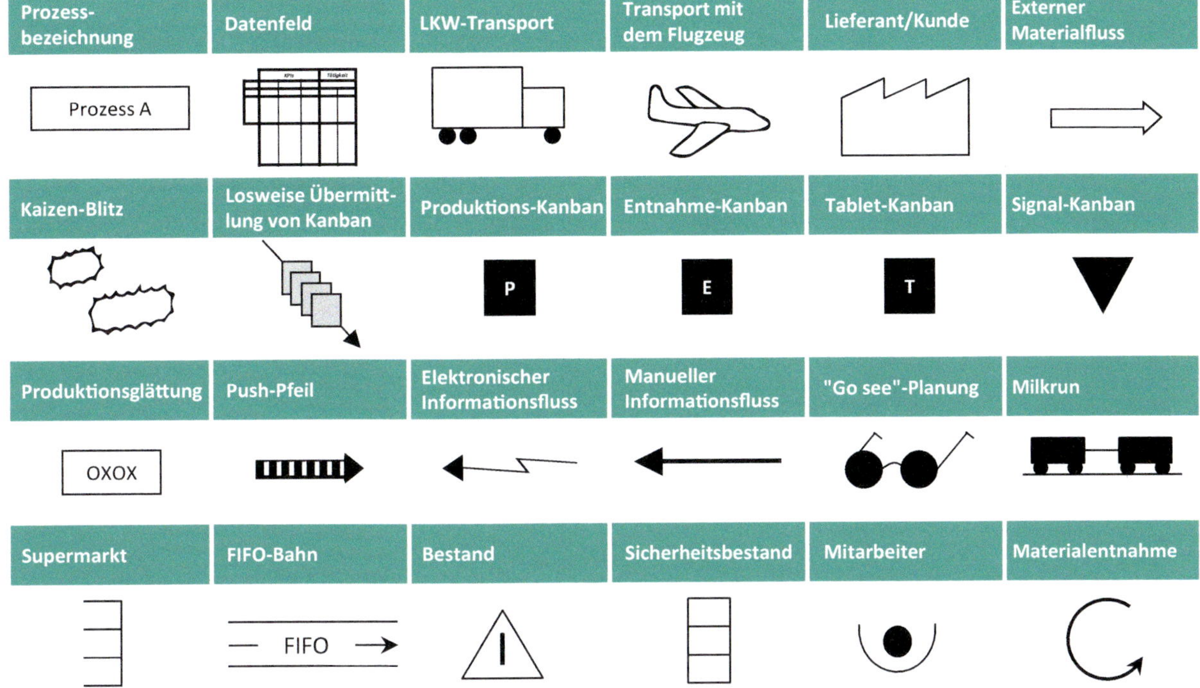

Literaturverzeichnis

Bieger, Thomas; Reinhold, Stephan (2011): Das wertbasierte Geschäftsmodell – Ein aktualisierter Strukturierungsansatz. In: Bieger, Knyphausen-Aufseß, Krys (Hrsg.): Innovative Geschäftsmodelle; Berlin, Heidelberg: Springer.

Bogner, Eva; Löwen, Ulrich; Franke, Jörg (2017): Systematic Consideration of Value Chains with Respect to the Timing of Individualization; Procedia CIRP 60, S. 368 – 373.

Erlach, Klaus (2010): Wertstromdesign – Der Weg zur schlanken Fabrik; 2., bearb. und erw. Aufl.; Berlin, Heidelberg: Springer.

Forno, Ana Julia Dal; Pereira, Fernando Augusto; Forcellini, Fernando Antonio; Kipper, Liane M. (2014): Value Stream Mapping – a study about the problems and challenges found in the literature from the past 15 years about application of Lean tools; International Journal of Advanced Manufacturing Technology 72 (5-8), S. 779 – 790.

Hartmann, Lukas (2022): Wertstromdesign 4.0 – Methode zur integrierten Gestaltung von Material- und Informationsflüssen für schlanke Wertströme; Düren: Shaker Verlag.

Magenheimer, Kai Alexander (2014): Lean Management in indirekten Unternehmensbereichen – Modellierung, Analyse und Bewertung von Verschwendung; München.

Metternich, Joachim; Meudt, Tobias; Hartmann, Lukas (2018): Leitfaden Industrie 4.0 trifft Lean – Wertschöpfung ganzheitlich steigern. Hrsg. v. VDMA; FKM; PTW. Frankfurt: VDMA Verlag.

Meudt, Tobias (2020): Wertstromanalyse 4.0 – Eine Methode zur integrierten Erfassung und Analyse von Material- und Informationsflüssen in Wertströmen; Düren: Shaker Verlag.

Meudt, Tobias; Leipoldt, Christoph; Metternich, Joachim (2016): Der neue Blick auf Verschwendungen im Kontext von Industrie 4.0; ZWF Zeitschrift für wirtschaftlichen Fabrikbetrieb 111 (11), S. 754 – 758.

Meudt, Tobias; Metternich, Joachim; Abele, Eberhardt (2017): Value stream mapping 4.0 – Holistic examination of value stream and information logistics in production; CIRP Annals 66 (1), S. 413 – 416.

Kaiser, Joscha (2021): Logistische Planungsalternativen im Wertstromdesign – Ein Ansatz zur Identifikation und Auswahl von Soll-Zuständen in der Materialflussgestaltung innerbetrieblicher Wertströme; Düren: Shaker.

Osterwalder, Alexander; Pigneur, Yves (2011): Business Model Generation; Frankfurt: Campus.

Rother, Mike; Shook, John (2015): Sehen lernen – Mit Wertstromdesign die Wertschöpfung erhöhen und Verschwendung beseitigen; Version 1.4; Mühlheim an der Ruhr: Lean Management Institut.

Shou, Wenchi; Wang, Jun; Chong, Heap-Yih; Wang, Xiangyu (2016): Examining the critical success factors in the adoption of value stream mapping; Proc. 24th Ann. Conf. of the Int'l. Group for Lean Construction, S. 93 – 102.

Wiegand, Bodo; Pöhls, Katja (2009): Lean Administration II – So managen Sie Geschäftsprozesse richtig; Schritt 2: Die Optimierung; Version 2.0; Aachen: Lean Management Institut.

Index

N

P

S

T

V

W

Z